ROYAL AIR FORCE
NAPIER-RAILTON

「BAe Hawk T1 & Napier Railton」 by Kazuaki Fukumura

クルマが先か?ヒコーキが先か?

a great deal of complexity

岡部いさく
Isaku Okabe

二玄社

クルマが先か？ヒコーキが先か？

はじめに

さて、読者の皆様をお待たせしたのかどうか、よくわからないのだが、「クルマが先か？　ヒコーキが先か？」をこうして一冊の本としてお届けすることができた。

そもそもの始まりは自動車雑誌『NAVI』編集部からの電話だった。「クルマとヒコーキの関係について」という漠然としたテーマがあるだけで、20世紀末特集のなかの記事、というか特集コラムの一つとして、ヒコーキのメーカーがクルマをつくっていた・クルマのメーカーがヒコーキもつくった、という概観的な話を、世界編と日本編の2回で書く、ぐらいのものと考えていた。ところがその2回を終わってみれば、いつのまにか連載にすることが決まっていて、そのまま今日まで毎月回を重ねることとなったのである。もちろん当初から長期的な展望や展開を予想して書いていたわけではなく、出たとこ勝負というか行き当たりばったりというか、とにかく思いつくままに書いてきてしまった。取り繕うなら空軍用語で〝ターゲット・アット・オポチュニティ（臨機応変に目標を見つけろ）〟というところだ。

そんな連載が単行本一冊分以上の長きにわたって続いているのだが、振り返ってみると、内容ではメーカーの来歴あり、クルマとヒコーキのハードウェア対比あり、またソフトウェアあり、はたまた人物ありで、クルマとヒコーキの接点・交点は数多いものだと思う。いろんな乗り物と関連技術、そのメーカーの関係のなかでも、クルマとヒコーキはとくに濃厚なつながりがあるようだ。他の乗り物だと、たとえばフネとヒコーキ、クルマと鉄道車両みたいに、付き合いはあってもつながりはむしろ薄いものばかり。

フネも鉄道も、クルマやヒコーキとはそれぞれ発明や発展の時期や歴史が違い、別々の文化や技術的パラダイムを持ってしまっているからなのかもしれないが、やはりクルマとヒコーキはガソリンエンジンの出現を契機として、比較的近い間隔で発明されただけに、同じような文化のなかにあるようでもある。

こういうと何だか筆者が20世紀の科学技術文明のパラダイムを読み解こうとか、その病根や罪業をあばき出すとか、そういう大層なことを企んでるように聞こえるかもしれないが、そんな知的な本が筆者に書けるわけがない。単に幼少のころからクルマも好きでヒコーキも好きで、思い返せば学校のノートや教科書に落描きを描き散らしてきて、それが今もって治癒してないだけの話なんだろう（大学のときは同級生に落描きがみつかって、さすがにバカにされた）。ボーイズ・ウィル・ビー・ボーイスってやつ？

筆者が何か意図しているとすれば、それはただ連載をお読みくださった読者の方々やこの本を買ってくださった人々に、へへー、面白いやと思っていただきたいというだけで、筆者にとってはそれに勝る喜びはない。

とはいえ筆者の悪いクセというか悪い芸風で、この本や連載でもひょっとすると読者を置いてけぼりにして、重箱の知られざる隅へと勝手に暴走して行ってしまったかもしれない。実際、連載の当初には筆者自身もかなりその危険が気になったものである。それがいつのまにか不安でなくなったのはどうしてなんだろう？　リアビューミラーに読者の影が映らなくなって気が楽になったんだろうか。ヤバいな。

では、手遅れかもしれないが内容についていくつか説明しておこう。第1章の第1話と第2話は先に述べたように20世紀末特集の一部だったので、日本と世界のクルマ&ヒコーキ・メーカーの歴史の数々を盛り合わせた幕の内弁当、というか重箱のような話になっている。そこでツッキ足りなかった隅っこ、とくにイタリア車・イタリア機をめぐってはその後に多少踏み込んで書いてみた。「ドイチェラント・ユーバー・アーレス」の巻は、『NAVI』の「21世紀に残したいドイツ車」という特集に対応したもの。前半の部分に「ドイツ車のどれを残そう……」というクダリがあるのはその名残りなのである。

最後の「木立の間の一瞬」は、グッドウッド・スピード・オヴ・フェスティヴァルのリポートの特別編で、雑誌掲載時には清水健太氏の綺麗な写真が多数掲載されていたので、文章中にたくさんクルマが出てくるのに、絵に描いていないのはそんなわけなのである。

ついでに絵についても白状させていただくことにしよう。最初からヘタだったし、その後もちっとも上手くなっていないのは筆者も毎月痛感しているところだ。タイヤはほぼいつも円くないし、クルマはめったに光り輝いていない。同じ白い紙にペンで黒いインクの線を描いているのに、わが敬愛するブロックバンク先生（かつて二玄社より「ブロックバンクのグランプリ」という漫画集が刊行されていた。今は絶版なんですって）のクルマはちゃんとツヤツヤして走ってる。しかもブロックバンクは飛行機を描いても自動車同様に〝大好きさ加減〟が溢れている。この本の絵を見返すと、精進が足りない以上に、才能の有無というのがアラワだな。

実はクルマの描き方では、ブロックバンク以上にセルウェルという漫画家の方に影響されているかもしれない。セルウェルは同じくイギリスの漫画誌パンチで活躍した画家で、馬や釣りなど田園生活をテーマにした作品が主だが、ときどきクルマ（1950年代のイギリスのサルーンだ）が出てきて、それが流麗なペンの線で丁寧に描かれていた。そんな描き方をしてみたいと思いながら、今に至るもまだ道は遠いままだ。

そのブロックバンク先生やセルウェル先生をはじめとして、本書と元になった連載は多くの人々のおかげである。『NAVI』編集部の青木禎之氏の忍耐と寛容によって連載は育くまれてきた。とくに2001年秋にアメリカのアフガニスタン攻撃が行われていたときには、筆者はフジテレビのニュース番組のためにしばしばお台場のホテルに泊まることとなった。その間にも『NAVI』の連載は当然あるわけで、家から資料と紙とペンを持ち出して、フジテレビの局内やホテルの部屋で原稿を仕上げたものだ。深夜のホテルに原稿を受け取りに来てくれた青木氏の顔に浮かぶ焦燥と憂慮。悪かったなあ。すみませんでしたね。

そして局内で必死に絵を描いていると、「あー、オカベセンセイ、まぁたそういうことしてる!」と声がする。安藤優子キャスターだ。時おりニュース番組でご一緒させていただいているのをいいことに、安藤キャスターには「あとがき」をお願いしてしまった。安藤キャスターは世界各地の現地取材で飛行機に乗る機会も多く、日ごろ車を利用されている。まさしくヒコーキとクルマは〝今、世界で起こっていること〟の現場に人とビデオカメラを運んでいくわけで、我々がリアルタイムで世界の出来事を見られるのもヒコーキとクルマの仕業ということになる。でも、安藤さん、家族に見せたら「これはホメすぎだ!」って。

表紙カバーは、筆者の勝手な要望でネイピア・レイルトン・スペシャルとイギリス空軍曲技チーム〝レッドアロウズ〟のホーク練習機を福村一章氏にお描きいただいた。この美しい絵があれば、読者の方々にも筆者のヘタな絵を許していただけるものと思いたい。

というわけで、「さいわいお許しいただけますなら、吾ら一同、今後のはげみ」(シェイクスピア『夏の夜の夢』。5幕I場。福田恆存訳)。

目次

第3章「大事なことは（大事でないことも）みんなイギリス人から教わった」

第1章
「ヒコーキもつくってた」

[第1話]
ボーイング747
シャパラル2J
サーブJ92
サーブJ35ドラケン
サーブ90旅客機
サーブ91軽飛行機
サーブ92
サーブ99
サーブAJ37ビゲン
サーブJ39グリペン
ブリストル・ボックスカイト
ブリストルF2B“ファイター”
ブリストル・ブレニム
ブリストル・ボーファイター
ブリストル・タイプ450レーシング
ブリストル・レーサー
BMW326
BMW328
ブリストル・タイプ400
ブリストル・ブリタニア
フォッケウルフFw190
ブリストル・タイプ404
ブリストル・ブリガンド
フォード・トライモーター
フォード・フリッヴァー
フォード15P
フィアットCR42
フィアットG50
フィアットG55チェンタウロ
フィアットG91
メッサーシュミットKR200
メッサーシュミットBf110
メッサーシュミットBf109
トライアンフ・スピットファイア
ハインケルHe111
ハインケルHe219
ハインケル・キャビンスクーター
スピットファイアMkI
マトラMS80
マトラ670B
ポルシェC50
プジョー905
マトラR130

[第2話]
三菱パジェロ
三菱ランサー
三菱GTO
零式艦上戦闘機
三菱ランサーエボリューション
スバル・インプレッサ
九七式艦上攻撃機
一式陸上攻撃機
局地戦闘機“雷電”
三菱F-1支援戦闘機
九七式戦闘機
一式陸上戦闘機“隼”
四式陸上戦闘機“疾風”
艦上偵察機“彩雲”
富士T-1練習機
富士FA-200エアロスバル
スバル・ラビット号
スバル360
スバル・レガシィ
富士LM-1
富士KM-2
コローニ・スバル
ノースアメリカンF-86“セイバー”
ロッキードF-104
マクダネルダグラスF-4“ファントム”
マクダネルダグラスF-15“イーグル”
三菱T-2練習機
三菱XF-2
三菱デボネア
三式陸上戦闘機“飛燕”
局地戦闘機“紫電改”
救難飛行艇US-1

[第3話]
ジャガーDタイプ
メルセデスベンツ300SLR
メルセデスベンツW196
マクラーレン・メルセデスMP4/14
ポルシェ908
フォードGT40
ポルシェ956/962
ジャガーXJR9
アヴロ・ランカスター
ハインケルHe177
デハヴィランド・モスキート
アラドAr234“ブリッツ”
メッサーシュミットBf109G-14/R2
ブローム・ウント・フォスBv141B

[第4話]
BMW2002
BMW3.0
フォード・カプリ
M2B15
DFW37/III
ディキシー3/15HP
オースチン・セブン
BMW328
ユンカースJu52
フォッケウルフFw190
メッサーシュミットBf109
BMW501
MINI

[第5話]
ホーカー・ハリケーン
スーパーマリン・スピットファイア
フィアットG50
マッキMC200
マッキMC200“サエッタ”
メッサーシュミットBf109
マッキMC202“ファルゴーレ”
アルファロメオ・ティーポC
メルセデスベンツW25
メルセデスベンツ154
レッジアーネRe2000

[第6話]
フィアット“メフィストフェレス”
フィアットCR32
フィアット500“トポリーノ”
フィアットVR20
フィアット500
フィアットG91

[第7話]
スパッド7
ドボワティーヌD510
コードロンC460
コードロンCR714
コードロンCR760
コードロンCR770
ルノー・ジュヴァカトル

[第8話]
GNサイクルカー
GN“リッキ・ティッキ”
フレイザー・ナッシュ・スポーツカー
アヴロ・ランカスター
BMW328
フレイザー・ナッシュ“ルマン”
フレイザー・ナッシュ“ミレミリア”
MGA
フレイザー・ナッシュ“タルガフローリオ”
フレイザー・ナッシュ“セブリング”

[第9話]
サルムソン2A2
日野ルノー
サルムソン・ヴァル3
サルムソンS4
サルムソンE72
サルムソンG72
サルムソン2300S

第1章 第①話 ～スウェーデン、英、米、伊、独、仏、それぞれの事情

クルマとヒコーキ・外国篇

20世紀を通り過ぎるタイヤの跡

小さくてパワーがあって、持ち運びに便利な燃料を使うエンジン。つまりガソリンを使う内燃機関のことで、これが19世紀の末に発明されたおかげで、次の20世紀はめちゃめちゃな時代になった。ガソリンエンジンは2つの、ある意味トンデモナイ道具の発明の元となった。自動車と飛行機だ。この2つの乗り物がどれほど大変なモノだったかというと、ボマー・ハリスとアイルトン・セナみたいな人間が現われたくらいだ。

アイルトン・セナについては説明の必要がないだろうが、この〝ボマー〟・ハリス、本名アーサー・トラバース・ハリスって人物は、第2次大戦当時のイギリス空軍のボマーコマンド、つまり爆撃航空軍団の司令官だった人だ。イギリス空軍の爆撃機がドイツの工場を昼間に狙ったところで、爆弾の命中精度は悪いし、爆撃機の損害が多いしで、ラチが開かない。

そこでハリス中将は考えた。工場には爆弾が当たらないが、工場で働く人間が暮らす都市になら爆弾は外れないだろう。都市を破壊して労働力を失わせれば軍需生産も落ち込む。夜間爆撃にすれば爆

第1章 第1話 クルマとヒコーキ・外国篇

撃機の損害も少なくできるに違いない。

このアイディアのおかげで、アウグスブルクやシュトゥットガルト、ハンブルクやハノーバー、ベルリンやドレスデンなど、ドイツの諸都市は灰燼《かいじん》と帰してしまったのだ。

そしてこういう爆撃方法を敷衍《ふえん》したのが、日本の都市への爆撃であり、果ては広島と長崎だった。核兵器だって、飛行機という運搬方法があったからこそ、実用化されたようなものかもしれない。

さらに爆撃機よりもっと手っ取り早い破壊手段として生まれたのが大陸間弾道ミサイル、つまりICBMだ。核兵器も冷戦も飛行機のせい、といえないわけではない。それを言ったら、第2次世界大戦の火ぶたを切ったナチスドイツ軍によるポーランド侵攻だって、戦車や機械化部隊による電撃作戦だったわけで、20世紀を通り過ぎる自動車のタイヤの跡の赤いものは、あれは血？ 人間の血？

自動車なんて簡単？

のっけから自動車と飛行機のダークサイドに踏み込んでしまって恐縮だが、しかしまあ見方を変えれば、ガソリンエンジンができたおかげで、日本からボーイング747に乗って、ドニントンパークのフェスティバルでシャパラル2Jが走るのを見る、なんていう道楽も可能になったんだから、善しとすべきなのだろう。

さて、飛行機と自動車は、ガソリンエンジンを母とする兄弟で、戦神マルスが育ての親、といえる存在だ。そのせいか、飛行機をつくるメーカーのなかには、ときおり、自動車をつくってみようとするものが現われる。どっちもガソリンエンジンを動力とする速く飛ぶ／走る乗り物で、軽くて空気抵抗が少ないほど（一般論として）性能が良い。だから要求がよりシビアな飛行機の設計や製造の心得があれば、自動車なんか簡単にできると思って、つい手を出してしまうのかもしれない。

しかし自動車をつくるのと売るのはまた別な話だから、飛行機メーカーの自動車が技術的にはともかく、商業的には必ずしも成功するとは限らないのが世の中の面白いところだ。

独創性と実用性を両立させたサーブ

ところがそれなりに自動車づくりに成功した飛行機メーカーもある。たとえばスウェーデンのサーブだ。サーブ、すなわちＳＡＡＢとは、Swenska Aeroplan Aktien-Bolaget、「スウェーデン航空機会社」の頭文字を並べたもので、機関砲で有名なボフォース社の傘下として１９３６年に設立された。それから間もなく第2次世界大戦が始まったため、中立国スウェーデンの新興の小メーカー、サーブは少ない経験と技術陣で、自国を守る飛行機をつくり出さなければならなくなった。

結局、大戦中にはあまりぱっとした機体を開発できなかったが、ここで地力をつけたのが幸いして、１９５０年代のジェット時代に入って、サーブの技術力は世界のトップクラスに仲間入りする。

後退翼を持った戦闘機Ｊ29は１９５１年から生産に入り、後退翼の実用化では、サーブにジェットエンジンを供給している、イギリスにも先んじるくらいだった。

１９５５年にはマッハ２級の戦闘機、Ｊ35ドラケンを初飛行させている。ドラケンは、２つの三角形を組み合わせた二重デルタ翼という、ほかに例のない独特な主翼を持ち、高速道路から発進できる短距離離着陸性能と高速性能を見事に両立させた戦闘機で、当時のアメリカやソ連の戦闘機と比べて

第1章 第1話 クルマとヒコーキ・外国篇

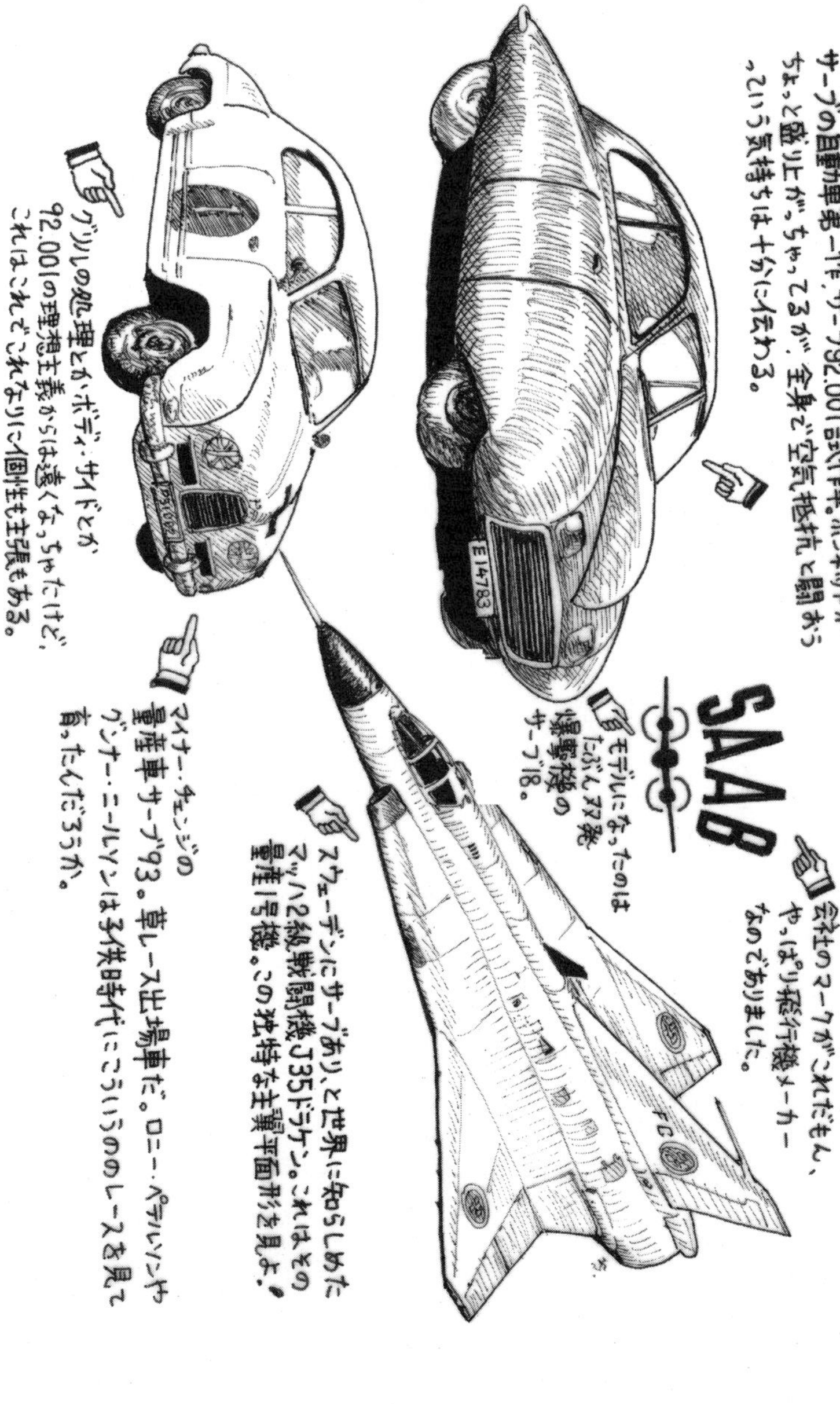

サーブの自動車第一作、サーブ92.001試作車。ボンネットがちょっと盛り上がっちゃってるが、全身で空気抵抗と闘おうっていう気持ちは十分に伝わる。

SAAB
会社のマークがこれだもん、やっぱり飛行機メーカーなのでありました。

モデルになったのはたぶん双発爆撃機のサーブ18。

スウェーデンにサーブあり、と世界に知らしめたマッハ2級戦闘機J35ドラケン。これはその量産1号機。この独特な主翼平面形を見よ!

マイナー・チェンジの量産車サーブ93。草レース出場車だ。ロニー・ペテルソンやグンナー・ニールソンは子供時代にこういうののレースを見て育ったんだろうか。

グリルの処理とかボディ・サイドとか92.001の理想主義からは遠くなっちゃたけど、これはこれでこれなりに個性も主張もある。

も何ら遜色がない機体だった。サーブのジェット戦闘機には、一貫してそんな大胆な独創性と堅実な実用性が同居している。

いつまでも航空機メーカー

これだけ技術面で賢明なメーカーだけに、商業面でも抜かりはなく、1944年からは戦争の終結と戦後の市場を見越して、サーブ90旅客機とサーブ91軽飛行機の開発にとりかかっていた。旅客機の方は諸般の事情で成功しなかったが、軽飛行機の方はじっくりじわじわと生産されて、長らく軍民で使われた。

ではそれに続く開発ナンバーのサーブ92が何かというと、これが乗用車だった。1946年に完成した試作車サーブ92・001は、横置きエンジンの前輪駆動という当時としては珍しい配置で、それを理想主義的な流線形のボディでくるんでいた。サーブ社はボディの形状をわざわざ風洞実験までして確かめている。ここらへんのアプローチがいかにも飛行機メーカーらしい。

サーブ92も、さすがに実用モデルになると理想主義的なボディの流線形は崩れてしまうのだけれど、それでも当時のヨーロッパの乗用車のなかじゃ、やっぱり歴然と流線形で、空気抵抗が少なそうな形だった。そんなサーブ92の姿がまぶしかった。昔の自動車年鑑の類いの写真には、車の背景にサーブ91やサーブJ35ドラケンが写っていた。それが後のサーブ99になると、一緒に写る飛行機がAJ37ビゲン戦闘攻撃機（これがまたカナード翼の個性のかたまりみたいな飛行機）になり、今じゃサーブのTVコマーシャルには現在配備中のJ39グリペン多用途戦闘機が出てくる。やっぱりサーブはいつまでも飛行機メーカーであるらしい。

天敵のエンジンを積んだブリストル

やはり第2次大戦後に、イギリスでもブリストルという飛行機メーカーが自動車づくりに乗り出してる。ブリストルは前身が1910年創立のブリストル・エアロプレイン・カンパニーという由緒正しい会社で、初期の作品ブリストル・ボックスカイトは、「素晴らしきヒコーキ野郎たち」という映画で、スチュワート・ホイットマン演ずるアメリカ人パイロットが駆る飛行機として出演している。

第1次大戦のブリストルF2B〝ファイター〟複座戦闘機は、高速と重武装で活躍した。第2次大戦では、双発軽爆撃機ブレニムや双発戦闘機ボーファイターが有名だ。

そのブリストルが、第2次大戦後に、ついこないだまでの敵国、ドイツのBMW乗用車のライセンス生産権を手に入れ、BMW326および328を基礎にして、1946年に最初のモデル、ブリストル・タイプ400をデビューさせた。

これ以後、1982年のブリストル・ブリタニアまで、一貫して高級スポーティサルーンを地道につくり続けるのだが、初期の各モデルは、グリルが縦長の楕円が2つ並んだBMWそっくりというものだった。

エンジンも初期のものは戦前のBMWの流れを汲む直列6気筒で、飛行機用空冷星型エンジンのメーカーとして名を馳せたブリストルにしては、いささか情けない。第2次大戦中には、BMW製の空冷星型エンジンを装備したフォッケウルフFw190戦闘機がイギリス空軍の天敵だったのに……。

うっすらと飛行機臭い404

エンジンに関してブリストルが得意としたのはスリーブ・バルブ。これはシリンダーの内側に円筒形のスリーブがはまってて、それがカムとクランクで動いて、スリーブの孔とシリンダーのポートが一致したときに吸気や排気を行うという変な方式。ブリストルのエンジンは、スリーブの潤滑や冷却がうまくいかなくて、多くが実用化にえらい苦労している。こりゃ自動車に使うのは無理かも。

BMWを基にしたとはいっても、1953年のタイプ404からは2連長円グリルが四角いものに改まって、ブリストルの個性が確立してくる。構造的にもシャシーの構造材に大きな軽め孔が開いていたり、床の一部にハニカム材が使われてたり、うっすらと飛行機臭い部分があった。

ブリストルのモデルには、ボーファイターやブリガンド、ブリタニアといった、ブリストルの飛行機の名前がつけられていた。ブリガンドは第2次大戦直後に極東方面で使われた双発攻撃機、ブリタニアは1950年代のターボプロップ4発大型旅客機だが、そういうイギリス航空界の栄光も、1980年代には完全に過去のものになった。

ブリストル航空機という会社は、1960年に国の政策で他の会社と合併してBAC社となり、それがさらに統合されて、今ではイギリスの大規模航空機メーカーはブリティッシュ・エアロスペース(BAe)ただ一つとなっている。自動車メーカーのブリストルの方はというと、ディストリビューターもディーラー網ももたずに、細々と生きながらえている。

そういえば1980年代の初めごろ、小雨の降るビクトリア・ステーション近くの路上で、ブリス

クルマとヒコーキ・外国篇

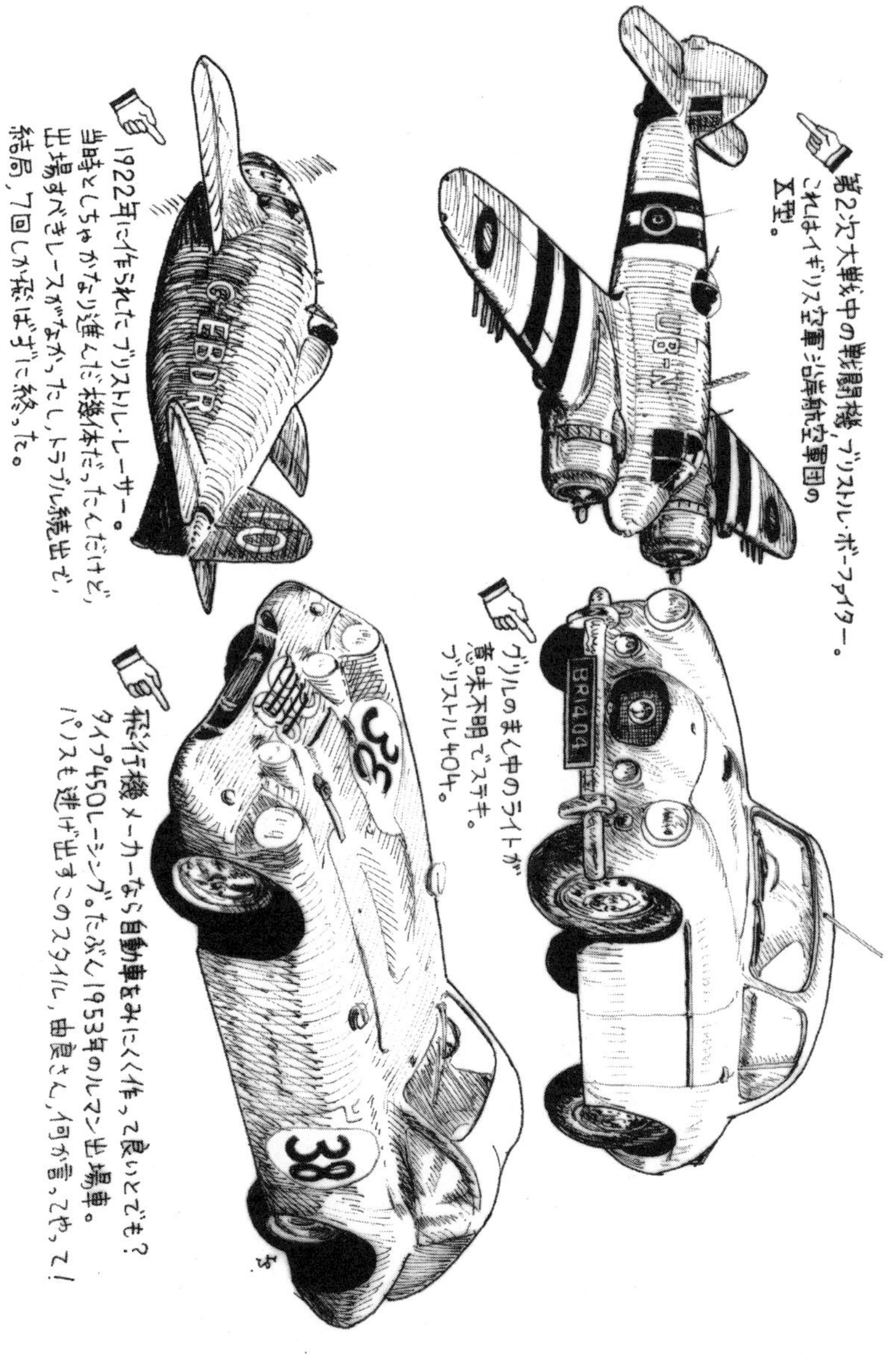
第2次大戦中の戦闘機、ブリストル・ボーファイター。
これはイギリス空軍沿岸航空軍団のⅩ型。
グリルのまん中のライトが
意味不明でステキ。
ブリストル404。
1922年に作られたブリストル・レーサー。
当時としちゃかなり進んだ機体だったんだけど、
出場すべきレースがなかったし、トラブル続出で、
結局、7回しか飛ばずに終った。
飛行機メーカーなら自動車をみにくく作って良いとでも？
タイプ450レーシング。たぶん1953年のルマン出場車。
パリスも逃げ出すこのスタイル、由良さん、何か言ってやって！

トル404を見かけたことがある。メタリックな鶯色をした大柄な車体で、後にも先にもブリストルの自動車を見たのは、このとき以外にない。飛行機の方は、ロンドン郊外ヘンドンのイギリス空軍博物館でいろいろ見たけれど。

成功した「空飛ぶ洗濯板」

世界最大の飛行機生産国にして世界最大の自動車生産国のアメリカじゃ、実は大きな飛行機メーカーは自動車に手を出してない。ビッグスリーを中心とする自動車産業が確立していて、新顔が入り込める隙がなかったのだろう。

逆に自動車メーカーが飛行機に手を出そうとしたことはある。かの大フォードがそうだ。フォードの試みの一つが、1926年に就航したフォード・トライモーターという3発旅客機だった。トライモーターは当時としてはまだ珍しい全金属製だった。強度をもたせるために外板に波板を使ってたために、「空飛ぶ洗濯板」とか呼ばれた同機は、いろいろな航空会社で採用された。ただしトライモーターはフォードが自社で設計したわけではなくて、有望な設計案に投資して、開発後に、それを買収したものだった。

フォードは飛行機生産に先立って、1925年には自分で航空会社まで作って、本気で航空業界に参入するつもりだったようだ。ところが思惑が外れて、さっぱり収益があがらなかった。当時はまだ航空輸送そのものが未成熟だったのだ。がっかりしたフォードは1928年には航空会社を解散して、トライモーターの製作会社も1932年には閉めてしまった。

第1章 第1話

クルマとヒコーキ・外国篇

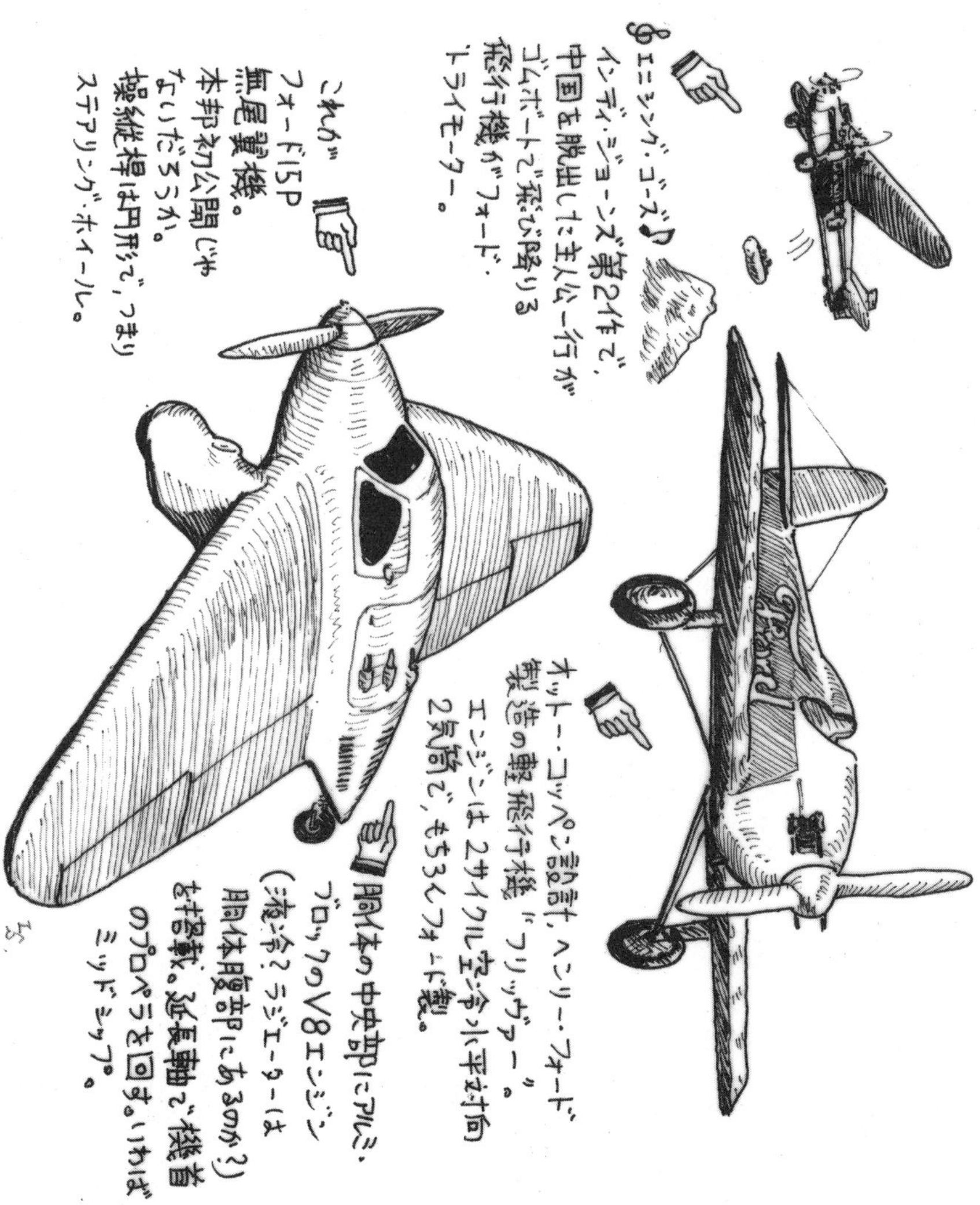
♪エニシング・ゴーズ♪
インディ・ジョーンズ第2作で、
中国を脱出した主人公一行が
ゴムボートで飛び降りる
飛行機がフォード・
トライモーター。
これが
フォード15P
無尾翼機。
本邦初公開じゃ
ないだろうか。
操縦桿は円形で、つまり
ステアリング・ホイール。
オットー・コッペン設計、ヘンリー・フォード
製造の軽飛行機"フリッヴァー"。
エンジンは2サイクル空冷水平対向
2気筒で、もちろんフォード製。
胴体の中央部にアルミ・
ブロックのV8エンジン
(液冷？ラジエーターは
胴体腹部にあるのか？)
を搭載。延長軸で機首
のプロペラを回す。いわば
ミッドシップ。

失敗に終わった航空機業界参入

トライモーターと並行して、フォードは一般向けの小型飛行機を大量生産することも計画した。モデルTでアメリカ全国民を自動車に乗せてしまったみたいに、今度は飛行機に乗せてしまおうというわけだ。

1926年からは実験的な1人乗りの小型機、フリッヴァーを数機、試作。さらに1927年には2人乗りの双発水陸両用機を試作した。フリッヴァーの方はまともに飛んだが、水陸両用機ときたら滑走試験中にバンプに乗って3メートル飛び上がって着地、脚を壊してそれっきりとなった。

同じ1927年、5人乗りの単発ビジネス機も試作された。フォードはこの種の飛行機が有望な市場になると思ったのだ。波板外板の一見まともな機体だったが、これが試験飛行してみるとひどく癖が悪くて操縦しにくい。テストパイロットいわく「誰か死人が出ないうちに、こいつは電動ノコギリでぶった切った方がいいと思います」。この機体は1929年に登録抹消されて、それっきりとなった。

それでもフォードはまだ諦めなかった。1935年には、当時社長のエドセル・フォードの音頭取りで、2人乗りの無尾翼機がつくられたのだ。全幅10メートル強、全長4メートルの小さな機体で、胴体中央に自動車エンジンを置いて、長いシャフトで機首のプロペラを回す設計だった。修理や整備は地元のフォード特約店でどうぞ、というつもりだったらしい。

しかし安定性が悪くて操縦が難しく、数回飛んだ後に事故を起こして損傷、そのままお蔵入りで終わった。結局、航空界進出というヘンリー・フォードの野望は実現しなかったのでした。

デザイナーの頭文字が戦闘機の記号

イタリアでは、フィアットが真剣に飛行機をつくっている。ＦＩＡＴが、Fabbrica Italiana Automobili Torino、「トリノ・イタリア自動車製造所」のイニシャルを綴ったものということからもわかるように、そもそもは自動車メーカーとしてのフィアットが先にあって、それが飛行機製造にも乗り出した。

フィアットの飛行機は、第2次大戦で戦ったイタリア最後の複葉戦闘機、ＣＲ42が有名だ。ＣＲというのは主任設計者のチェレスティーノ・ロサテッリの頭文字で、戦闘機系統の通し番号や会社名の略号とかではなくて、デザイナーの頭文字を飛行機の名前につけるところが、なんともイタリアな感じ。だからその次の単葉引込み脚戦闘機はジュゼッペ・ガブリエリが主任設計者だからＧ50。なんでＧＧにしないのだろうか。50ってのはどこから来た番号なのだろうか。フェラーリのＦ１マシンの番号と同じくらい、行き当たりばったりだと思うのだが。

イタリアのボディにドイツのエンジン

ＣＲ42は複葉機だから、単葉に比べて同じ翼面積でも翼幅が小さくて、オニのように運動性が良かった。それに限らず、当時のイタリア戦闘機は概して運動性が良好で格闘戦に向いていたが、エンジンパワーが足りなくて速度が出ないし、おまけに火力が小さい。

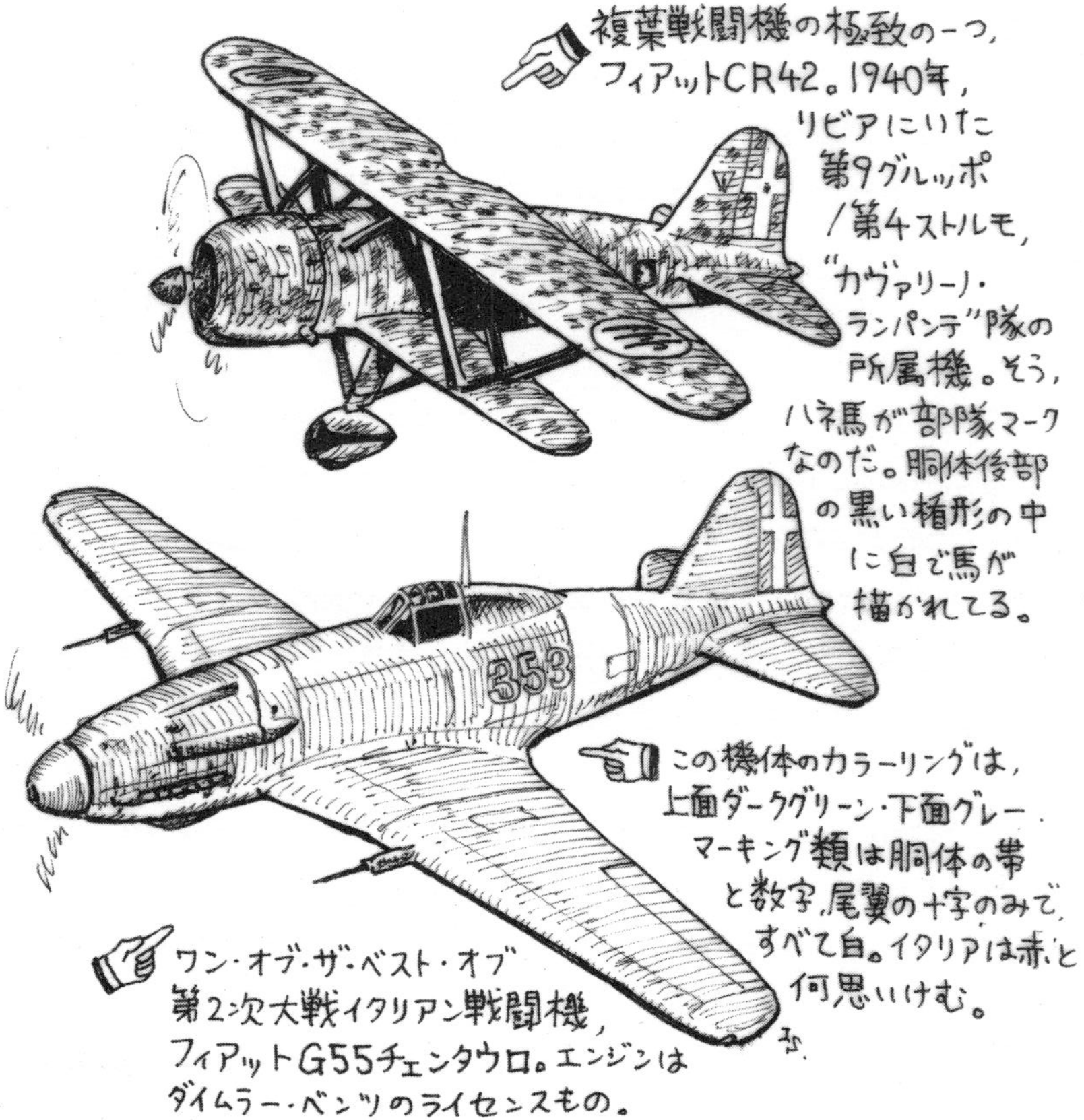

複葉戦闘機の極致の一つ，フィアットCR42。1940年，リビアにいた第9グルッポ/第4ストルモ，"カヴァリーノ・ランパンテ"隊の所属機。そう，ハネ馬が部隊マークなのだ。胴体後部の黒い楕形の中に白で馬が描かれてる。
353
この機体のカラーリングは，上面ダークグリーン・下面グレー．マーキング類は胴体の帯と数字，尾翼の十字のみで，すべて白。イタリアは赤と何思いけむ。
ワン・オブ・ザ・ベスト・オブ第2次大戦イタリアン戦闘機，フィアットG55チェンタウロ。エンジンはダイムラー・ベンツのライセンスもの。

しかもイタリア空軍には一貫した空中戦戦術がなかったから、戦法が部隊やパイロットごとに異なっておよそ統制がとれないという、なんともイタリアな弱点があった。そういうわけで、北アフリカや地中海の戦線では、イギリス戦闘機の組織的な戦術の前に苦戦を強いられたのだった。

それではならじと、G50の発展型に、ライセンス生産したドイツのダイムラーベンツの1500ps級液冷エンジンを装備した戦闘機が、G55チェンタウロ。これで性能は一挙に、アメリカやイギリスの主力戦闘機と互角のところまで向上したが、なにしろ部隊配備開始が1943年9月だったから、時すでにおそし。敗色濃厚な戦局を挽回することはかなわなかったのでありました。

しかしそれにしてもイタリア製のボディにドイツ製エンジンなんて、一種夢の顔合わせだ。逆を考えてみると、たとえばイギリス製ボディにフランス製エンジンとか……。

第2次大戦後もフィアットは1950年代にG91という小型ジェット攻撃機を作って、飛行機メーカーとしてもちゃんと健在であることを見せてくれた。

飛行機メーカーのキャビンスクーター

第2次大戦に敗北したドイツでは、戦後に飛行機メーカーが、超小型自動車で立て直しを図っている。かのメッサーシュミットが1956年につくったのが、有名な三輪車、というかキャビンスクーターの、KR200。2人の乗客が前後に並ぶタンデム複座は、まるで戦争中のメッサーシュミットBf110双発戦闘機だし、座席に乗り込むのに車体上部をそっくり右にはね上げるところは、Bf109戦闘機の右開きキャノピーみたいだ。

この種のクルマはおそらくイギリスでも走っていたろうから、たとえばこんな光景も想像できる。1960年代のある夏、南イングランドのケント州あたりの田舎道。のんびりパタパタと走るメッサーシュミットKR200（このころには、すでにいささかくたびれてきてただろう）の後ろから、ワインディングロードでダンロップ・タイヤを鳴かせながら迫りくるトライアンフ・スピットファイア。メッサーシュミット対スピットファイアとくれば、これはもうバトル・オブ・ブリテン（英本土防空戦）オン・ザ・ロード！

ナチスにおぼえめでたかったメッサーシュミットと対照的に、ナチスに好かれず冷遇された飛行機メーカーにハインケルがあった。

ハインケルの飛行機では、He111爆撃機こそ大量生産されたものの、He219夜間戦闘機などは、政府や空軍当局の無理解のせいで生産数が少なく、せっかくの高性能を十分発揮できなかった。このハインケルも、1956〜58年にキャビンスクーターをつくっている。かのイセッタのように、車体正面がドアになる形式だが、イセッタBMWやメッサーシュミットほどには売れなかった。どこまでも不遇なメーカーだ。

軍需産業と自動車業界の結びつき

フランスのマトラは、果たして飛行機メーカーといっていいのだろうか？　なにしろ主な製品はミサイルだったのだから。

そのマトラ社がスポーツカーメーカーのルネ・ボネを1964年に吸収して、F1やスポーツ・プ

第1章 第1話 クルマとヒコーキ・外国篇

ロトタイプをつくりだした。マトラ独自のV12エンジンはF1ではあまりぱっとしなかったけれど、フォードDFVを積んだMS80は、ケン・ティレルの手によって1969年にジャッキー・スチュワートをチャンピオンにしている。

プロトタイプの方でも、マトラ670Bが（ポルシェ917の去った後の）1972〜74年にルマンで3連勝を飾っている。ドライバーのアンリ・ペスカロロも3連勝。そういえば、ペスカロロは1999年もポルシェC50に乗って出場していた（！）。

しかしこの後、純フランス製のスポーツカーがルマンで勝つのは、1992年のプジョー905まで待たなくてはならない。そのプジョー905のカーボンファイバー製モノコックをつくったのが、フランス最大の戦闘機メーカー、ダッソーだった。軍需産業のテクノロジーを借りないとモータースポーツに勝てないとは、ううむ、何とも20世紀……。

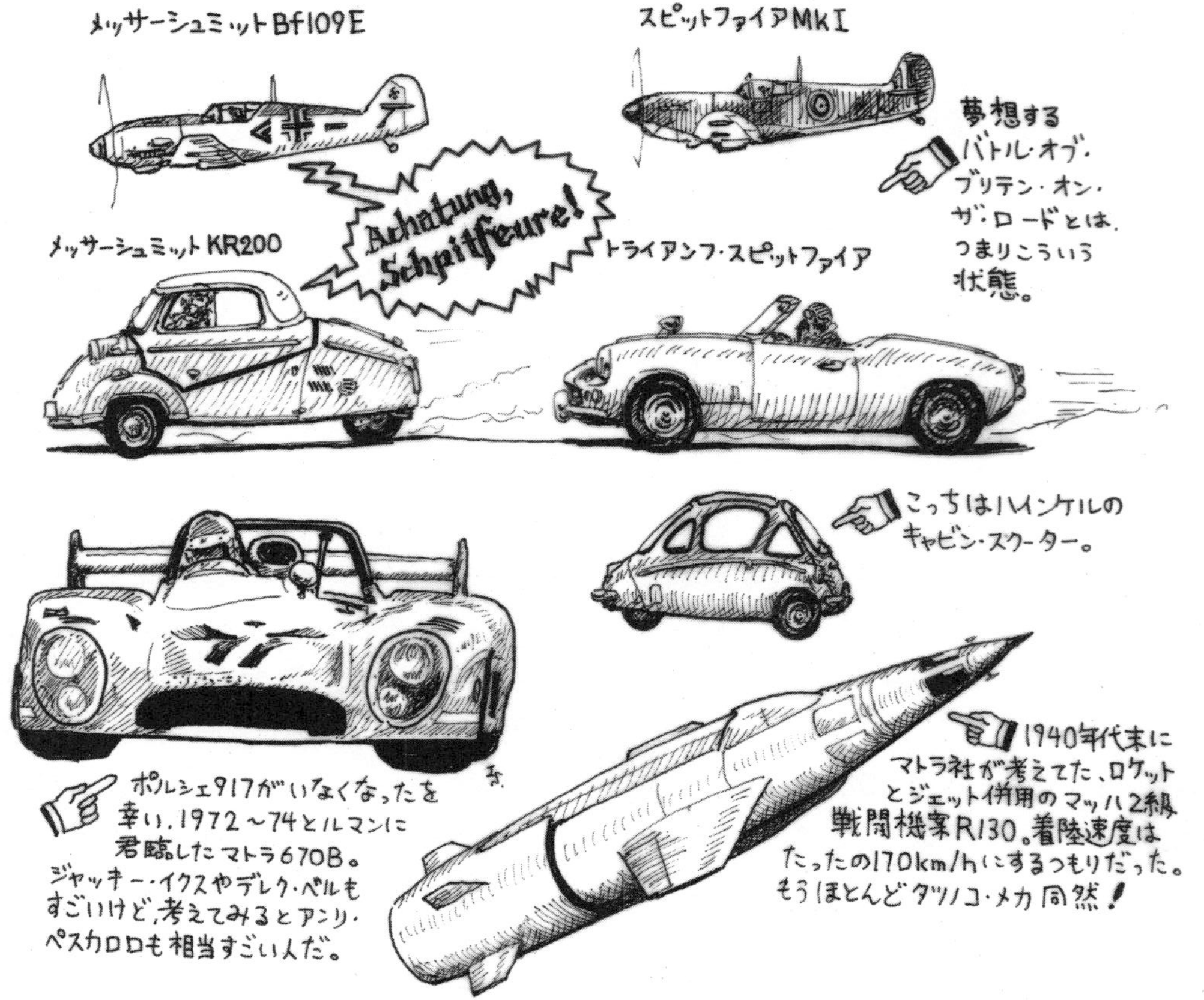
メッサーシュミットBf109E
スピットファイアMkⅠ
夢想するバトル・オブ・ブリテン・オン・ザ・ロードとは、つまりこういう状態。
Achatung, Schpitfeure!
メッサーシュミットKR200
トライアンフ・スピットファイア
こっちはハインケルのキャビン・スクーター。
ポルシェ917がいなくなったを幸い、1972～74とルマンに君臨したマトラ670B。ジャッキー・イクスやデレク・ベルもすごいけど、考えてみるとアンリ・ペスカロロも相当すごい人だ。
1940年代末にマトラ社が考えてた、ロケットとジェット併用のマッハ2級戦闘機案R130。着陸速度はたった170km/hにするつもりだった。もうほとんどタツノコ・メカ同然！

第1章 第2話 クルマとヒコーキ・日本篇 ～三菱とスバル、そして……

ランサーのシャシーに、インプレッサのエンジン？

日本の自動車会社の中には、〝世界に冠たる〟トヨタや〝世界に冠たる、でもいいけど、ルノーと合併〟の日産みたいに、第2次大戦前からの、根っからの自動車メーカーもあれば、ホンダみたいに戦後になって現われたメーカーもある。とくにホンダなんて、今日の世界のメジャー・マニュファクチュアラーとしては、第2次大戦以前にルーツを持たない希有な例なんじゃないだろうか。ホンダ以外の戦後派の有名メーカーっていうと、マクラーレンとレイナードとウィリアムズと……って、どれも市販車の会社じゃあないじゃないかッ！　かと思うと、自動車以外のところに、戦前からの太いルーツを持つメーカーもある。三菱と富士重工だ。

三菱は、今でこそ自動車部門が独立した会社になって、パジェロだのランサーだのGTOだのをつくっているが（つくっていたが）、その母体は、軍艦から戦闘機までつくる総合兵器メーカーとして名高い三菱重工だ。もちろん、民生用の機械も、電気機関車とかいろいろつくっているけれど……。

三菱の代表作は、軍艦では戦艦「武蔵」。これは三菱重工の長崎造船所で建造された。なにしろ極秘の超巨大戦艦だったから、技術的な面ばかりではなく、機密保持においてもさんざん苦労した。どれほど大変だったかは、タミヤのプラモデル、700分の1ウォーターライン・シリーズの「武蔵」に、追加工作を施して完璧に作ってみるといい。本物はきっと、その700倍ぐらい大変だったと思うぞ。

三菱重工は、飛行機メーカーとしても日本有数の会社だったから、有名な飛行機もたくさんつくってる。最も知られているのは、海軍の零式艦上戦闘機、いわゆる「零戦」、普通にいうところの「ゼロ戦」だ。独創的で、徹底的な軽量構造をとるゼロ戦は、各型合わせて1万機以上が生産された。歴史上、日本で一番たくさんつくられた飛行機となっている。ただし、三菱の代表作とはいえ、ほとんどの型では、中島飛行機がつくったエンジン、「栄」を搭載していた。中島飛行機というのは今の富士重工の前身だから、三菱の機体に中島のエンジンというのは、今でいうなら、さしづめランサー・エボリューションのシャシーに、スバル・インプレッサのエンジンを載せたようなもの。これにはカンクネンやマキネンもびっくり!?

三菱エンジンの名前の秘密

もちろん、三菱が飛行機用エンジンをつくらなかったワケがない。初の純国産航空機用エンジンは、三菱の空冷星型9気筒「Aシリーズ」だった。その後、三菱のエンジンは進化を続け、1930年代中期には700〜800psの「金星」、40年代には1500ps級の「火星」が開発された。「金星」は、パールハーバー奇襲の主役、海軍の九七式艦上攻撃機のエンジンだし、「火星」は当時の日本には数少ない大馬力エンジンとして、驚異的な航続力を発揮した（そのペナルティも大きかったんだけど）双

クルマとヒコーキ・日本篇

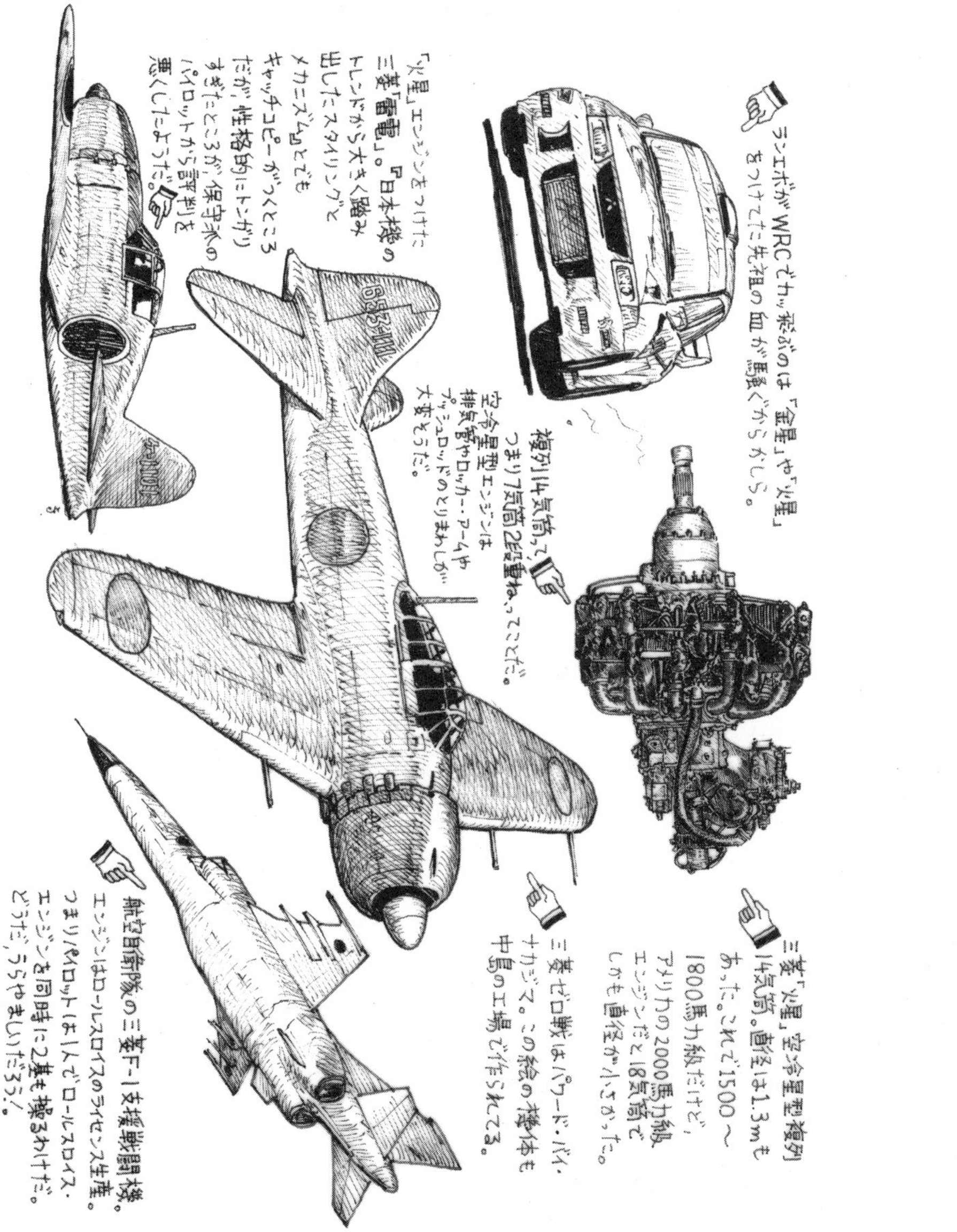
ランエボがWRCでカッ飛ぶのは「金星」や「火星」をつけてた先祖の血が騒ぐからかしら。

三菱「火星」空冷星型複列14気筒。直径は1.3mもあった。これで1500〜1800馬力級だけど、アメリカの2000馬力級エンジンだと18気筒でしかも直径が小さかった。

複列14気筒って、つまり7気筒2段重ねってことだ。

空冷星型エンジンは排気管やロッカー・アームやプッシュロッドのとりまわしが大変そうだ。

三菱ゼロ戦はパワード・バイ・ナカジマ。この絵の機体も中島の工場で作られてる。

「火星」エンジンをつけた三菱「雷電」。『日本機のトレンドから大きく踏み出したスタイリングとメカニズム』とでもキャッチコピーがつくところだが、性格的にトンガリすぎたところが、保守派のパイロットから評判を悪くしたようだ。

航空自衛隊の三菱F-1支援戦闘機。エンジンはロールスロイスのライセンス生産。つまりパイロットは1人でロールスロイス・エンジンを同時に2基も操るわけだ。どうだ、うらやましいだろう!。

発爆撃機の一式陸上攻撃機や、大戦末期の本土防空に働いた異色の局地戦闘機「雷電」のパワーソースになった。

「火星」「金星」というように、三菱のエンジンには惑星の名前がつけられた。これには、こんな理由がある(と思っている)。

国産航空機用エンジンがつくられる前には、外国のエンジンが輸入されていた。なかでも多く使われたもののひとつが、イギリスのブリストル社製ジュピターだった。ブリストルのエンジンは、ギリシャ/ローマ神話系の名前をつける伝統なので、ジュピターも当然神様の名前なのだが、「木星」の意味もある。三菱のエンジンは、このジュピターにあやかって、神様から惑星に意味を乗り換えて、シリーズ化したんじゃないだろうか。

というところで、お気づきになっていただけましたでしょうか? 初期の三菱ランサーの、やたら吹けのいいエンジンが「サターン」という名前だったことを。サターンといえば「土星」のこと。少なくともあのときまで、三菱はエンジンの「星の名前シリーズ」にこだわってた、と私は解釈するけどね。

それにしても、飛行機のエンジンに名前をつけるのは、どうもイギリスと日本だけだったようだ。ドイツでは、たとえばダイムラーベンツDB605、フランスではイスパノスイザ12Yとか、愛想のない形式番号ばかり。

一方、アメリカのエンジンだと「ダブル・ワスプ」なんていうメーカーがつけた通称で呼ばれたものもあるけれど、プラット&ホイットニーR-2800(Rは星型のラディアルの頭文字。エンジン形式を現す)という番号が正式名だ。

クルマとヒコーキ・日本篇

日本人とイギリス人では、機械観がまるでちがうことは、『NAVI』のインプレッション記事を読んでもよくわかるんだが、飛行機のエンジンに関しては、少なくとも一時期、日本人とイギリス人は同じ態度を取っていたようだ。変なの。

中島飛行機から富士重工に

名機ゼロ戦のエンジン「栄」を作ってた中島飛行機にハナシを移そう。こちらも、三菱と並ぶ日本有数の航空機メーカーだった。

中島知久平という初期の海軍パイロットが退役後に設立した会社で、オニのように運動性の良い九七式戦闘機や、やはり軽快な「隼」、日本戦闘機中のザ・ベストと評される「疾風《はやて》」など、第2次大戦の日本陸軍の戦闘機は大部分が中島製だ。しかも中島はゼロ戦の生産も分担して、つくった機数は本家の三菱を上回っている（！）。

航空機用エンジンでも、ゼロ戦の「栄」や1800馬力級の「誉」を作って、日本軍の飛行機のかなりのモデルは、「パワード・バイ・中島」だった。でも、「誉」は戦争末期には材質の不良やら（なにしろ、ナベやヤカンが原料になったからね）、徴用工員の技能の未熟による工作不良、燃料の質の低下などのせいで、ほとんど規定の出力を発揮できなかった。

第2次大戦に負けると、日本は連合軍に航空機の開発・製造を一切禁じられた。中島飛行機は、いくつもの小さな会社に分割された。1953年に、やっと再建が許されて、富士重工として再びまとまったのだ。

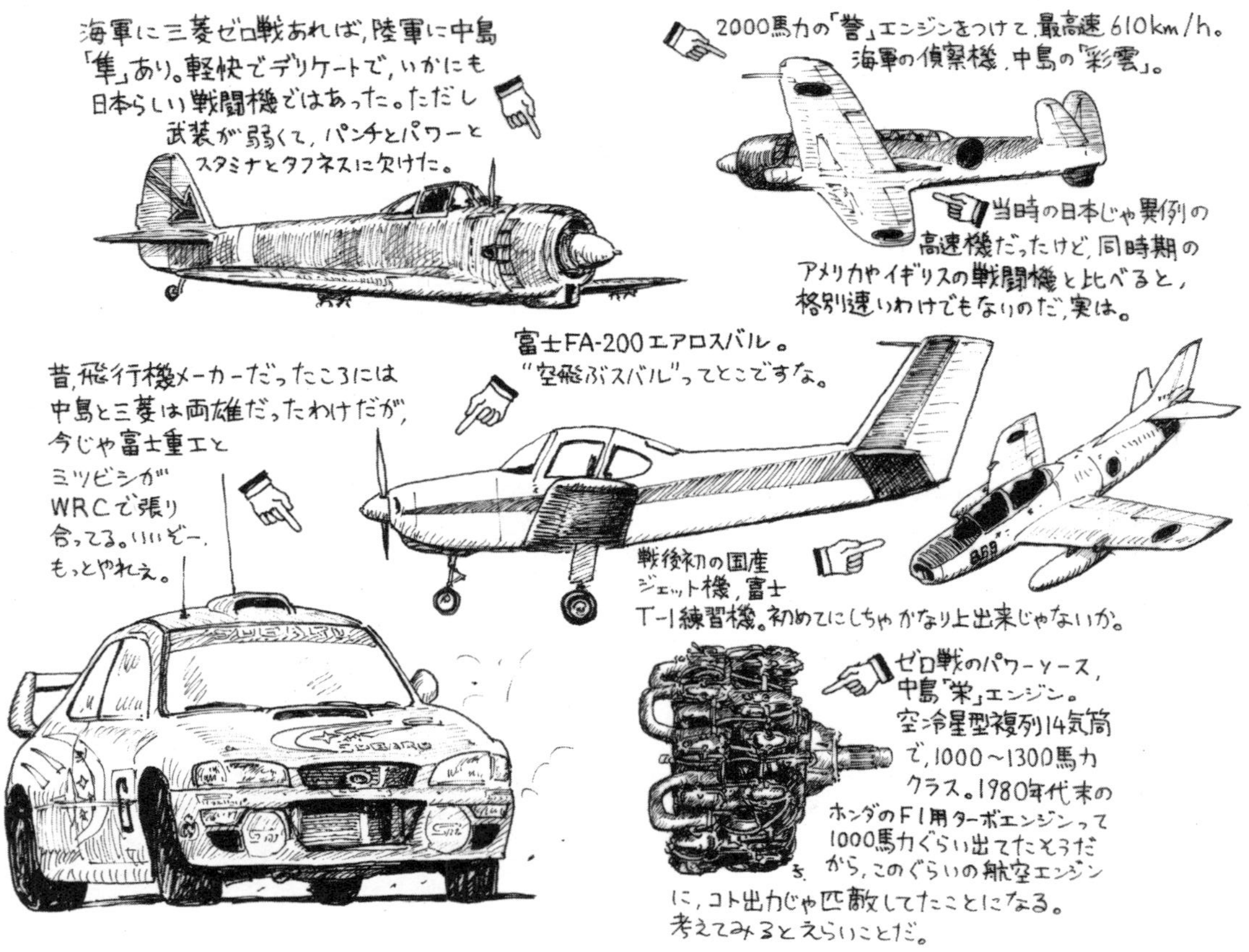
海軍に三菱ゼロ戦あれば、陸軍に中島「隼」あり。軽快でデリケートで、いかにも日本らしい戦闘機ではあった。ただし武装が弱くて、パンチとパワーとスタミナとタフネスに欠けた。

2000馬力の「誉」エンジンをつけて、最高速610km/h。海軍の偵察機、中島の「彩雲」。

当時の日本じゃ異例の高速機だったけど、同時期のアメリカやイギリスの戦闘機と比べると、格別速いわけでもなりのだ、実は。

富士FA-200エアロスバル。"空飛ぶスバル"ってとこですな。

昔、飛行機メーカーだったころには中島と三菱は両雄だったわけだが、今じゃ富士重工とミツビシがWRCで張り合ってる。いいぞー。もっとやれえ。

戦後初の国産ジェット機、富士T-1練習機。初めてにしちゃかなり上出来じゃないか。

ゼロ戦のパワーソース、中島「栄」エンジン。空冷星型複列14気筒で、1000～1300馬力クラス。1980年代末のホンダのF1用ターボエンジンって1000馬力ぐらい出てたそうだから、このぐらいの航空エンジンに、コト出力じゃ匹敵してたことになる。考えてみるとえらいことだ。

クルマとヒコーキ・日本篇

そのころの製品が、有名なスクーターのラビット号。一説によると、終戦直後、倉庫に余っていたゼロ戦の車輪を使ったのが始まりだというが、ウソじゃないかなァ……。

その後、スバル360やスバル1000を世に出して、今じゃインプレッサにレガシィだ。飛行機の方でも、航空自衛隊の練習機T-34をライセンス生産して、戦後初の国産ジェット機T-1をつくり、軽飛行機のFA200エアロスバルは、300機近く生産された。実はT-34や、それに続く富士重工独自の発展型LM-1やKM-2、エアロスバルも、エンジンはアメリカのライカミング社製空冷水平対向を使ってる。ひょっとして、飛行機の製造で水平対向エンジンのことをいろいろ研究して、その経験から自動車のエンジンでも水平対向にこだわるようになったのか？　ただし、1991年のコローニ・スバルは、ちょっと情けなかったけど。

戦後の三菱製航空機

三菱重工も、戦後しばらく飛行機から遠ざかっていたが、朝鮮戦争が起こって、航空機開発再開。それとともに、アメリカ軍機の修理やオーバーホールにも従事して、航空自衛隊初のジェット戦闘機F-86Fセイバーのライセンス生産を行った。以後、F-104JやF-4EJ、現在のF-15Jまで、航空自衛隊の歴代の主力戦闘機は、みんな三菱でライセンス生産されている。国産初の超音速ジェット練習機T-2と姉妹機のF-1支援戦闘機も、現在開発中のXF-2戦闘機も、三菱製だ。

そうしたハード&ハイテク・メーカーが、最初に売り出したクルマが可愛い軽自動車だったことを思い出すと、いささか感慨深いものがある。もっとも、大三菱の威信にタイヤをつけたようなデボネ

新明和ったらこれでしょ。海上自衛隊の救難飛行艇US-1。波高3mの波があっても離着水できる、っていう世界的にもインジーニアスな飛行機なんだけど，見方を変えると「スバラしき一発芸」なのかもしれない……。

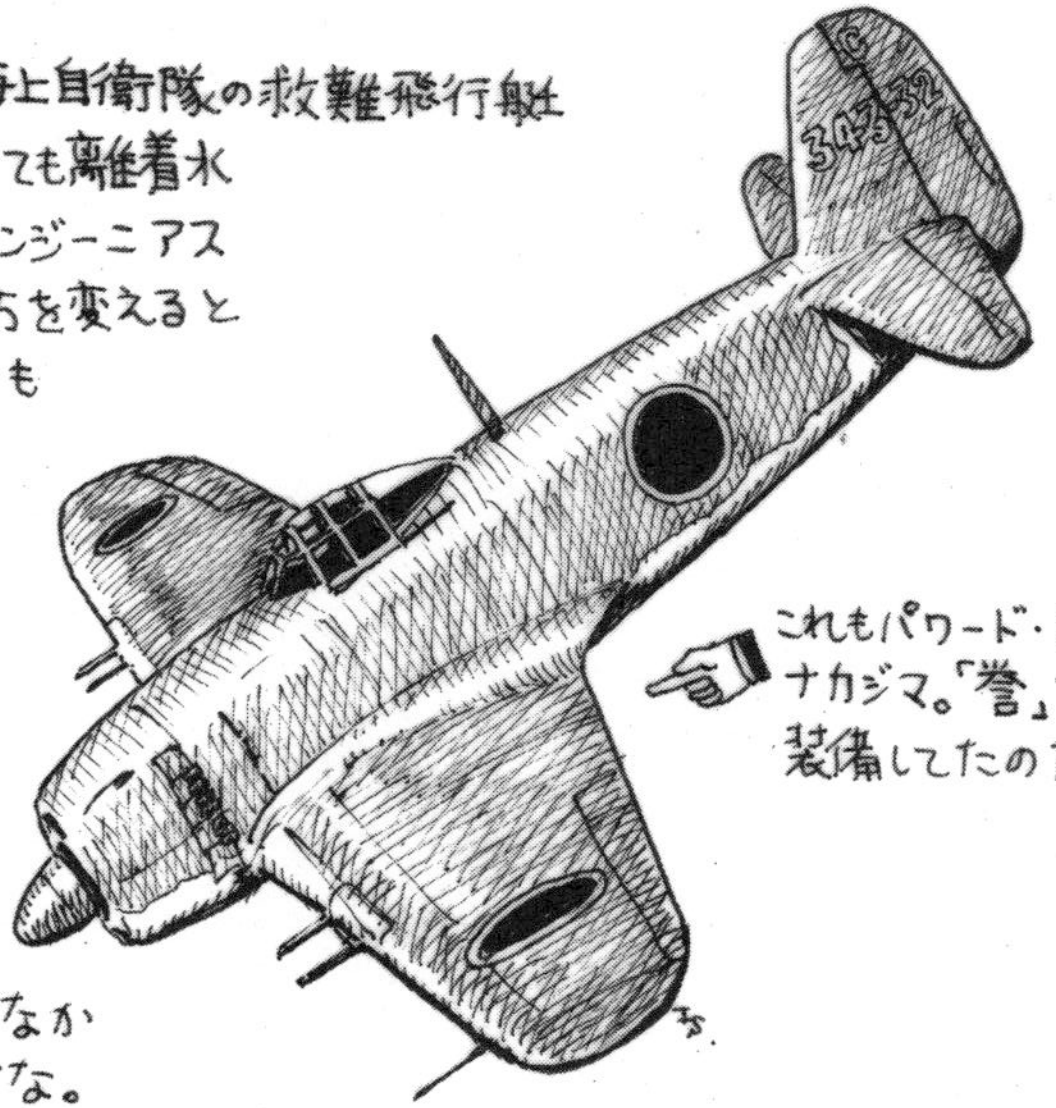

新明和の前身，川西が作った大戦末期の戦闘機「紫電改」。性能や運動性を確保しながら量産向けに工数を減らして，日本機にしちゃなかなかインジーニアスだったんだけどな。

これもパワード・バイ・ナカジマ。「誉」を装備してたのだ。

アもあったから、三菱って、やっぱりそれなりに大変な会社なんだろう。

こんな会社もヒコーキをつくっていた

富士重工や三菱以外にも、バイクメーカーのカワサキの前身は、第2次大戦中には液冷エンジンの戦闘機「飛燕」を手がけた。

各種の飛行艇や、有名な戦闘機「紫電改（養毛剤じゃないよ）」のメーカーだった川西は、戦後、新明和という名前で再出発した。今でも救難飛行艇をつくっているし、トラック用の特殊ボディや荷揚げ装置なんかも、新明和の製品だ。道で前を走ってるトラックのテールゲイトに「新明和」のプレートをみつけたら、それは名機「紫電改」の末裔なのだと思って、敬意を表してくださいね。

第③話

ドイチェラント・ユーバー・アーレス?

~道具をつくって解決するドイツ人

ドイツを敗るもの

ドイチェラント、ドイチェラント・ユーバー・アーレス! 歓呼のどよめきとともにドイツ車がゴールラインを横切る。メルセデスベンツ、アウトウニオン、ポルシェ、BMW、それにアウディ。優れたメカニズムと正確なエンジニアリング、それに統率のとれたチームワークで、ドイツ車はモータースポーツのさまざまな時代を席巻してきた。世の中にドイツ車好きがたくさんいて、どれを未来に残そうだの、あれは残さなくていいだの楽しそうにしてるのは、ドイツ車にはそんな機械としてのできの良さ、平たく言えばメカのカッチリ感と、数々の名声や伝説がつきまとってるからなんだろう。

ところが優秀なはずのドイツ車もモータースポーツの舞台じゃ、時として苦杯をなめさせられてる。ドイツ車から栄冠を奪い取るものとしちゃ、例えばルマン24時間の主催者、フランス西部自動車クラブ(ACO)の千変万化のレギュレーションがあるけど、まあフランス人の身勝手と唯我独尊にはつける薬がないし、そもそもルマンのレースはフランスでやってるもんだから、理不尽でも従うか、怒りを込めてボイコットするしかない。それよりもドイツ車の敗北で不思議なのは、しばしばイギリス

ドイチェラント・ユーバー・アーレス？

車に負けてることだ。

イギリス人の足払い

たとえばあの1955年のルマン。ジャガーDタイプとメルセデスベンツ300SLRとじゃ、どっちがクルマとしてできがよかったんだろう。300SLRときたら、当時最強のGPマシンのメルセデスベンツW196にスポーツカーの皮をかぶせたようなもんで、最近でいうならマクラーレン・メルセデスMP4／14のGTバージョンみたいな存在。しかもコクピット後部のボディワークが上に開いてエアブレーキになるなんていうギミックまで盛り込んでる。ところがジャガーDは、目新しいのはモノコックシャシーぐらいで、その材質も1955年には最初のマグネシウムからスチールに格下げされてるし、ドライバーのヘッドレスト後方の垂直尾翼だって、空力的な効果は怪しいと思うぞ。そんな300SLRなのに、イギリス人の乗ったヒーレーがイギリス人の乗ったジャガーDを避けようとしたところに衝突、あの大事故を起こす。300SLRはその後ジャガーから首位を奪うものの、レースを撤退、結局栄冠はジャガーのものになっちゃうんだっけ。

同じく1968年と1969年のルマンだって、ポルシェの精鋭908が型落ちのフォードGTに敗れてる。フォードGT40って、文章の行きがかり上の都合もあるけど、かなりイギリス製だし、ジョン・ワイアーもイギリス人だし。それから1988年のルマン。ここまで6連覇のポルシェ956／962がついにジャガーXJR9に優勝を奪われた年だ。すでに老いが兆してきてはいたものの、ポルシェはポルシェ。ジャガーの方は、いかにトニー・サウスゲイト設計でも、後ろ半分が7ℓのV12

1955年に撤退しなかったら、ジャガーの連覇はもちろん、その後のフェラーリのドミナンスもあっただろうか、ってくらいに強かったメルセデス・ベンツ300SLR。起倒式エアブレーキにはリアビュー・ミラーのための窓が開いてて、ドイツ人って徹底的。

1969年ルマンのポールシッター、ポルシェ917LH。エンジンは4.5ℓ水平対向12気筒で空冷、しかもシャシーはアルミチューブのスペースフレームっていうんだから、これはこれでかなりの技術バカ車。

1988年、ついにジャガーに敗れたポルシェ962C。でも1994年には、ダウアー・ポルシェ962LMの名でまた勝つ。しつこいなあ。

ドイチェラント・ユーバー・アーレス?

エンジンみたいな強引なクルマだった。アイデアと理想と技術を結晶させたドイツ車が、単なる当たり前や強引のイギリス車に敗れるなんて、見様によっちゃかなり悲しい物語じゃないか?

溺れるものは技術をつかむ

「世界一ィィィイ」のはずのドイツの技術が、イギリスの度し難い常識の前にあえない敗北を喫するのは、なにもルマン24時間に限った話じゃない。第2次大戦の航空戦もそうだ。ドイツ人は世界に先駆けてジェット戦闘機やロケット戦闘機を実用化したのに、時すでに遅くて、連合軍の爆撃で生産が間に合わず、決定的な戦力にできなかった。そのころドイツの都市に爆弾の雨を降らせてたイギリスの爆撃機アヴロ・ランカスターときたら、構造的にも性能的にもどうってことない四発機で、ただ信頼性が高くて爆弾搭載量が多いのが強みだった。ドイツ空軍も重爆撃機ハインケルＨｅ１７７グライフを開発したけど、そこでドイツ人の悪いクセが出た。とんでもなく技術的に凝ったことに手を出しちゃった。なんと倒立Ｖ12気筒エンジンを２つ並べた双子エンジンを２基装備して、しかも重爆撃機なのに急降下爆撃の能力まで加えようとしたのだ。当然エンジンの過熱や火災が頻発するし、急降下中の異常振動や空中分解やらの事故も起こって戦力化が遅れ、とうとうドイツ空軍は本格的な戦略爆撃機を持てずじまいになった。何をやってるんだか。

　ドイツのジェット戦闘機が現れるまで、高速で敵機を寄せ付けなかったのが、イギリスのデハヴィランド・モスキート爆撃機だ。この飛行機、実は全木製なんだが、構造的にも重量的にも特に大きな得をしたわけじゃなかったし、特別な技術的アイディアが盛り込まれてたわけでもない。モスキートが木製になったのは、ただ戦時中に量産するなら、家具工場やピアノ工場を動員できて都合がいい、っていうミもフタもない理由が主だった。

同じ高速爆撃機でも、ドイツが大戦末期に開発した双発ジェット爆撃機、アラドＡｒ２３４ブリッツは、当初の構想では台車に乗って離陸してソリで着陸するなんていう余計なギミックを考えて、やっぱり開発に手間取ってるし、しかも必死の実用化と並行して、エンジンを四発にしてみたり、戦闘機型にしてみたり、さらには後退翼をつけてみたりと、いっぺんにいろんな派生型・発展型の研究開発に手を広げてる。エンジニアにしてみればジェット機の出現でいろんな技術的な夢が目の前に一挙に広がったんだろうけど、それに目がくらんで、せっかくの技術力やなけなしの生産力をばらばらに拡散させてることは忘れちゃったんだろうか。

既存の主力機についてもそうだ。ドイツは各機種の改良や改修を同時に進めたもんだから、戦闘機や爆撃機には幾多ものサブタイプができて、それにまた武装や装備の違う数多くのバージョンが生まれることになった。たとえばメッサーシュミットＢｆ１０９Ｇ-14／Ｒ２ていう型式名の機体があるんだけど、これはつまりＢｆ１０９のＧ型のサブタイプ14のＲ２バージョンという意味だ。そんなこんなで、大戦末期の一時期にドイツが生産していた軍用機は、細かく分けて二百数十種類にも及んだそうだ。部品補給や保守整備の手間と混乱を考えたら、そんな多種生産なんて戦争中にやることじゃないだろうに。

ドイチェラント・ユーバー・アーレス？

技術の夢

どうもドイツ人ときたら、何かタスクがあると道具をつくることで解決しようとするようだ。ゾーリンゲン刃物のお店をのぞくと、包丁やナイフの類いのほかに、アスパラガスの皮むき専用の刃物とか、用途別に多種多様な道具が並んでる。だから飛行機にしても、あらゆる局面のあらゆる用途に対応できる機体を揃えたくなるんだろうか。もしドイツ人が寿司ってものを発明してたら、きっとアナゴ用と赤貝用で別々のハシをつくってたと思うぞ。

そうやってドイツ人が技術の夢に溺れて浸りきってると、さすがのエンジニアリングの才能もクラフトマンシップの優秀さも無駄に終わる。逆に技術に夢を見る趣味のないイギリス人は、相手に勝つことだけを目的に平気でつまらない機械がつくれるようだ。その点、戦後のドイツ人たち、とくに量産車メーカーは夢に溺れない方法を覚えたらしい。あるいは安全性とか環境負荷の軽減とか、まともな夢を見られるようになったのか。でもやっぱり技術への惑溺ぶりこそがドイツ機械の健気で可愛いところだ。昔のアウトウニオンPヴァーゲンとか、メルセデスベンツW25、ポルシェ917LHみたいな、技術バカ・ユーバー・アーレスが現れ続けてくれないと、ドイツらしくないと思うんだけど。

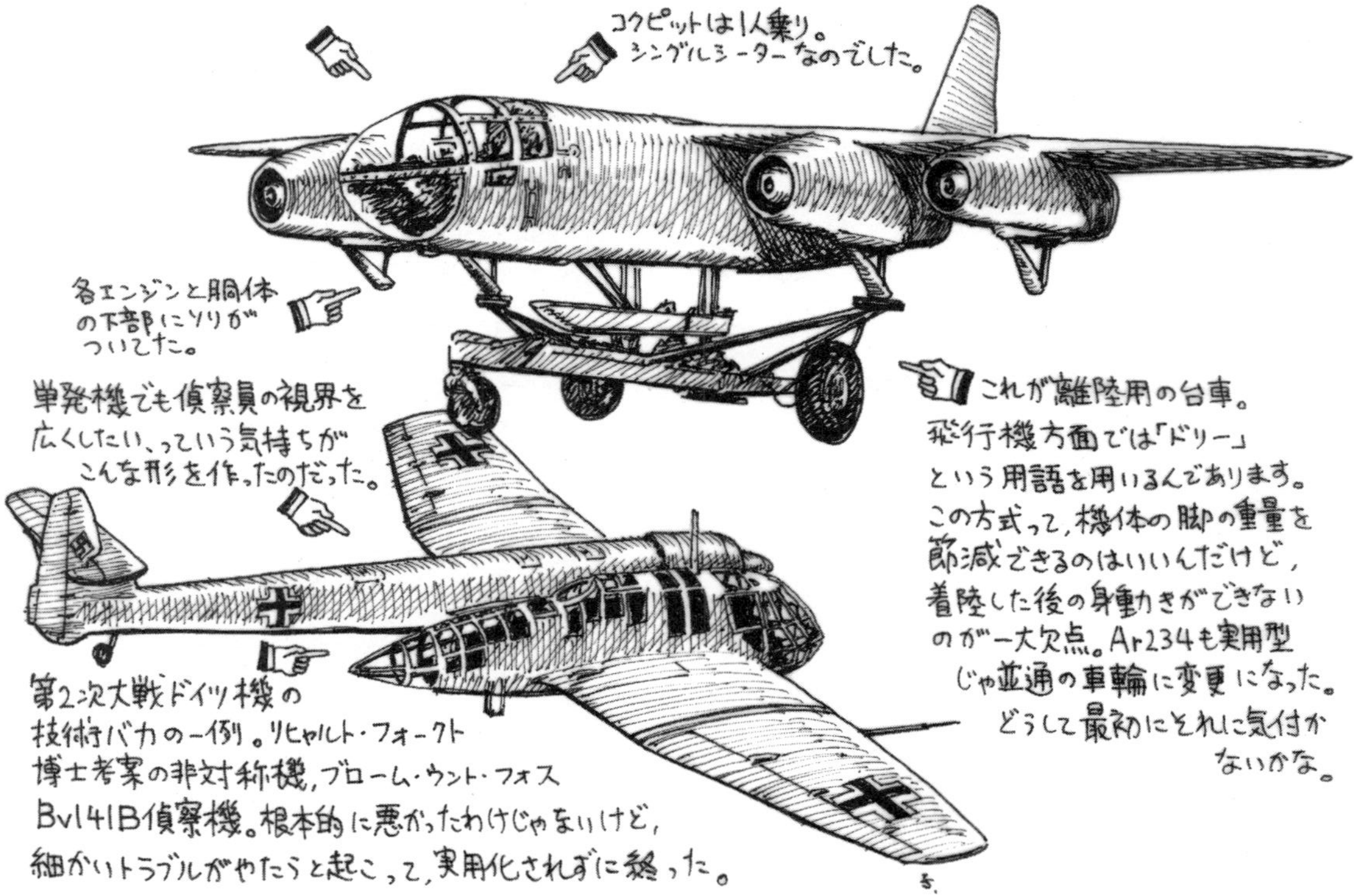
アラドAr234V6試作機。BMWのP.3302ジェット・エンジンの四発だった。

でも実戦型Ar234Bは別のエンジンの双発。

コクピットは1人乗り。シングルシーターなのでした。

各エンジンと胴体の下部にソリがついてた。

これが離陸用の台車。

飛行機方面では「ドリー」という用語を用いるんであります。

この方式って、機体の脚の重量を節減できるのはいいんだけど、着陸した後の身動きができないのが一大欠点。Ar234も実用型じゃ並通の車輪に変更になった。どうして最初にそれに気付かないかな。

単発機でも偵察員の視界を広くしたい、っていう気持ちがこんな形を作ったのだった。

第2次大戦ドイツ機の技術バカの一例。リヒャルト・フォークト博士考案の非対称機、ブローム・ウント・フォスBv141B偵察機。根本的に悪かったわけじゃないけど、細かいトラブルがやたらと起こって、実用化されずに終った。

第1章 BMWの血筋

第4話 〜六本木で増殖するずっと前

品川のビーエム

いつのころから日本人はＢＭＷが好きになったんだろう？ 昔々の１９５０年代、まだトヨペット・クラウンのドアが観音開きだったころの日本人にとって、ベンツやフォルクスワーゲン、ジミー・ディーンの最期で名高いポルシェに比べると、モーターサイクルはともかく、少なくともＢＭＷの4輪車は必ずしもメジャーじゃなかったような気がする。

それが日本で最も有名な外国車の一つになったきっかけは、70年代のツーリングカーレースでの２００２や３・０の大活躍だったのかもしれない。とくに白地に赤・紫・青のストライプのワークス３・０と、青に白のフォード・カプリとの数々の激闘は、ツーリングカーレース史の白眉の一つだ。オレンジ色のイェーガーマイスター・カラーのシュニッツァーＢＭＷも速かったし。

そのイメージのおかげで後のバブル期においても、メルセデスが白塗り黒ガラスのアレな姿で記憶されてしまったのに比べ、ＢＭＷは「六本木のカローラ」なる誇りを被りながらも、何だかハイカラなクルマであり続けることができた。もっとも東京のタクシーの運転手さんに言わせると、「女性の乗った品川ナンバーのビーエム」には近づかないのが得策なんだそうだ。プロの目にも予想のつかないドライビングを繰り広げる傾向があるんだとか。

高高度用キャブレター

畏怖と崇敬のドイツ車としてのBMWは、日本ではギョーザや鮪のトロと同じく第2次大戦後の現象みたいだが、もちろんBMW、すなわち「バイエルン発動機製造」という会社は大昔からある。歴史を溯ること1913年に前身である「ラップ発動機製造」が発足、それが1918年に名を変えたのだが、当時はホーフェンツォルレン皇室のドイツ帝国が、宿敵イギリスやフランスと世界大戦の真っ最中。当然BMWも軍需生産に精を出すことになる。最初の注目すべき製品は高高度用キャブレターつきのⅢa航空エンジン。そう、そもそもラップ発動機が飛行機エンジンのメーカーだったから、BMWも実は最初は自動車メーカーじゃなかったのだ。

しかし1919年にドイツは敗北、軍用航空エンジンの需要はハタと途絶えてしまう。世に出て間もないBMWもボートやトラック用の4気筒エンジンで糊口をしのごうとするが、商業的にはあんまり成功しない。そこで息をつかせてくれたのがモーターサイクル用の2気筒ボクサーエンジンM2B15。これがなかなかの成功を収めたのだ。

しかしそこはそれ、元が航空機エンジンのメーカーだから、そんなものでは満足できない。19年にDFW37／Ⅲという機体にBMWⅣ6気筒エンジンを装備して、フランツ・ゼノ・ディーマーというパイロットが世界高度記録に挑んだ。BMW工場に隣接するオーベルヴィーゼンフェルトの飛行場を

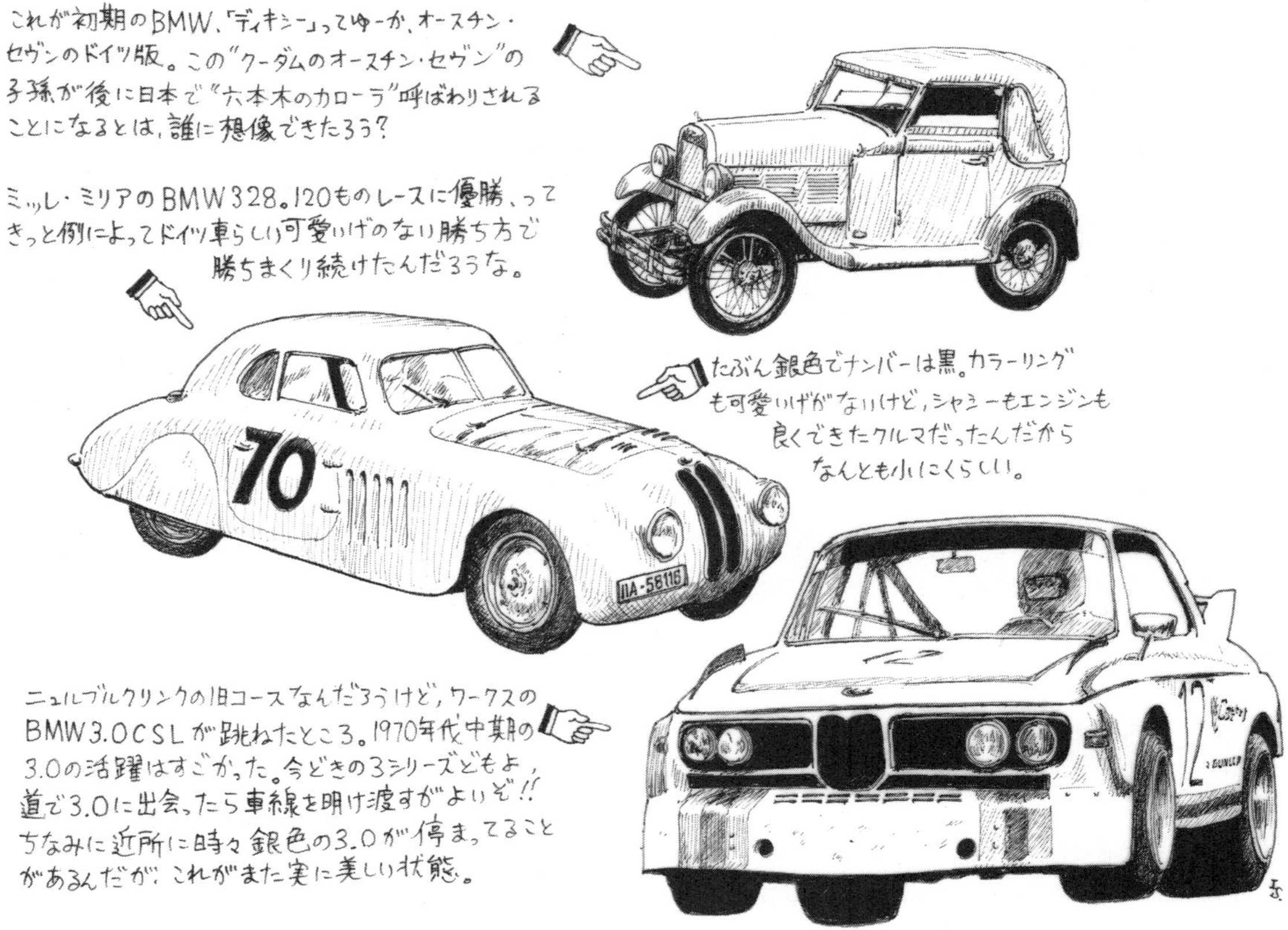
これが初期のBMW、「ディキシー」ってゆーか、オースチン・セヴンのドイツ版。この"クーダムのオースチン・セヴン"の子孫が後に日本で"六本木のカローラ"呼ばわりされることになるとは、誰に想像できたろう?

ミッレ・ミリアのBMW328。120ものレースに優勝、ってきっと例によってドイツ車らしい可愛いげのない勝ち方で勝ちまくり続けたんだろうな。

たぶん銀色でナンバーは黒。カラーリングも可愛いげがないけど、シャシーもエンジンも良くできたクルマだったんだからなんとも小にくらしい。

ニュルブルクリンクの旧コースなんだろうけど、ワークスのBMW3.0CSLが跳ねたところ。1970年代中期の3.0の活躍はすごかった。今どきの3シリーズどもよ、道で3.0に出会ったら車線を明け渡すがよいぞ!!

ちなみに近所に時々銀色の3.0が停まってることがあるんだが、これがまた実に美しい状態。

離陸したディーマーは高度9760メートルに到達、見事に記録を樹立したのだった。この高度、今じゃ安売りの航空券を買ってエコノミークラスでどこかに行けば、誰でも飛べるくらいのものだが、当時の複葉機とレシプロ・エンジンで上昇するのは大変だ。空気は薄いし、寒いし、パイロットだって楽じゃないんだぞ。

やっと自動車をつくり始める

1920年代になるとBMWは航空機用に水冷V型12気筒のⅥシリーズのエンジンを作る。最初は500psだった出力も改良を重ねて750psにまで向上し、いろんなバージョンがドイツ製のいろんな飛行機に装備されて使われた。大正時代から昭和初期にかけて日本に輸入された飛行機のなかにも、このBMWエンジンつきの機体が少なくなかった。

そのBMWが自動車に手を出すようになったのは、飛行機エンジンのメーカーとして名声を確立した後の1929年のことだった。同年、イギリスからオースチン・セヴンのライセンス権を手に入れて、ディキシー3／15HPの名で生産を始めるのだ。当時のドイツの有力メーカー、メルセデスベンツやホルヒが大型高級車を主力市場にしていたのに、BMWがフォルクスワーゲンより以前に大衆車を指向するところから始めたのが面白い。それ以上に、機械としてかなりいい加減っぽくて、イギリス車らしさの一典型ともいえるオースチン・セヴンを、BMWほどのメーカーがつくることになったという事実にも深い興味を覚えるんだけど。

しかしそこから先はBMWはやはり航空エンジンメーカーとしての実力を自動車でも発揮すること

になる。30年中期につくったスポーツカー、BMW328が歴史に残る傑作となるのだ。半球型燃焼室を持つ6気筒エンジンの328は、36年のニュルブルクリンクでエルンスト・ヘンネが量産2リッター・スポーツカーのクラス優勝を飾ったのを皮切りに、40年(もう第2次大戦が始まってるころだから、どんなレースであったのやら)までに120以上のレースで優勝する。グランプリでメルセデスベンツやアウトウニオンが猛威を奮っていたころに、スポーツカーではBMWがサーキットを席巻していたのだな。後の1970年代に、スポーツカーではポルシェ、ツーリングカーではBMWがレースシーンを制覇していた構図にちょっと似てるようでもある。

6時の方向、フォッケ!

さて、第2次世界大戦前夜、BMWは航空機用エンジンの方面でも、成功した水冷方式を捨てて、空冷星型エンジンを作るようになる。1934年から登場したBMW132は、ナチスドイツ政権下のドイツ航空工業の発展に合わせて多くの飛行機の動力源となった。BMW132エンジンを装備した機体のなかでも有名なのが、とくに頑丈で信頼性の高い3発旅客機ユンカースJu52だ。ルフトハンザやスイスエアでも広く使われ、もちろんドイツ空軍の輸送機としても働き、〝タンテJu(ウー)〟すなわち「Juおばさん」というあだ名で軍民で広く親しまれた。

さらに第2次大戦中にはBMW801という空冷複列星型18気筒エンジンが、フォッケウルフFw190戦闘機に装備される。このFw190、そもそもはメッサーシュミットBf109戦闘機の補助的な機体として計画されたのだが、いざ完成してみると性能が素晴らしく、高性能と運動性、信頼

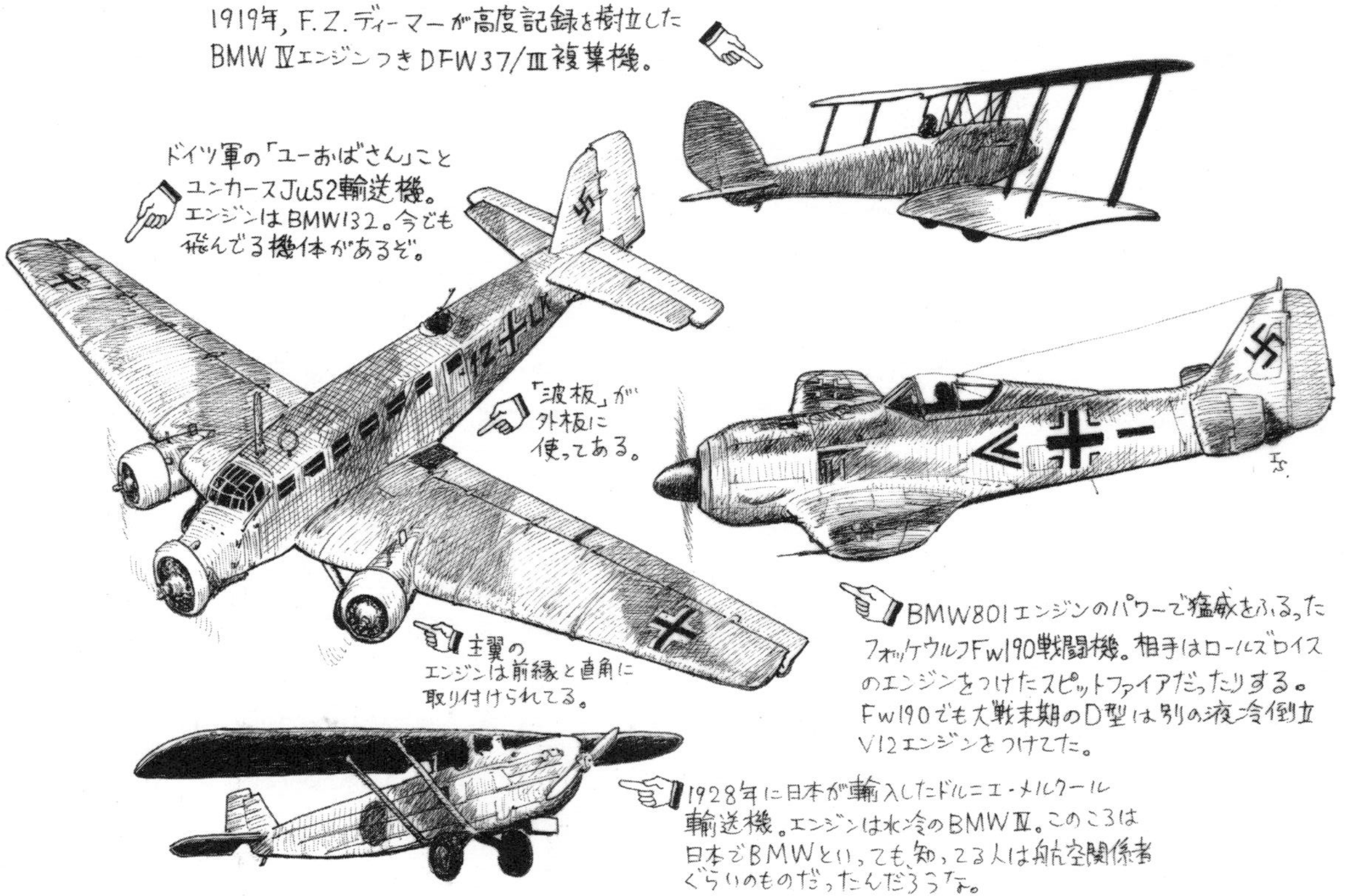
1919年，F.Z.ディーマーが高度記録を樹立したBMW Ⅳエンジンつき DFW37/Ⅲ複葉機。

ドイツ軍の「ユーおばさん」ことユンカースJu52輸送機。エンジンはBMW132。今でも飛んでる機体があるぞ。

「波板」が外板に使ってある。

主翼のエンジンは前縁と直角に取り付けられてる。

BMW801エンジンのパワーで猛威をふるったフォッケウルフFw190戦闘機。相手はロールスロイスのエンジンをつけたスピットファイアだったりする。Fw190でも大戦末期のD型は別の液冷倒立V12エンジンをつけてた。

1928年に日本が輸入したドルニエ・メルクール輸送機。エンジンは水冷のBMW Ⅵ。このころは日本でBMWといっても知ってる人は航空関係者ぐらいのものだったんだろうな。

性で、補助どころかＢｆ１０９と並ぶ主力戦闘機として重用されることになった。Ｂｆ１０９のエンジンがダイムラーベンツの液冷倒立Ｖ型12気筒のＤＢ６０１〜６０５シリーズ、飛行機エンジンでもＢＭＷとベンツはライバルになってたわけだ。

ブリストルとミニ

しかし結局ドイツは負ける。ＢＭＷは１９５０年代にまっとうなセダンの５０１をつくった以外に、メッサーシュミットやハインケルといった旧飛行機メーカーと同様、イタリアのイセッタのライセンス権を買って、サイクルカーも作った。オースチン・セヴンのライセンス生産のころに戻ったようでもあるな。

第2次大戦後、そのＢＭＷの血筋は妙な方向に流れる。戦前の３２８の活躍に目を見張ったイギリス人、とくに航空機メーカーのブリストル社がＢＭＷエンジンのライセンス権を得て、自動車産業に乗り出したのだ。ブリストルＢＭＷエンジンはＡＣやフレイザー・ナッシュといった小メーカーのパワープラントとしても採用された。

それからまた幾星霜、今じゃ新世代ミニがＢＭＷで作られる時代だ。ＢＭＷに関する限りクルマよりヒコーキの方が先だけど、ＢＭＷのクルマって、飛行機だけじゃなくてその始まりからして実はイギリスのクルマとも意外に深い因縁があったのでありました。

アルファのボディにベンツのエンジン

～レースじゃ速いが、喧嘩は弱い

熱血と爆笑のイタリアン・レッド

知り合いの編集者でイタリアのバイクを買った人がいて、アプリリアだったかな。ディジタルのスピードメーターなんかがついているんですと。それで雨中のライディングから数日後のある夜のこと、一般道をたらたら走っておりました。ふとスピードメーターに目をやると、数字はなんと990㎞／h！　こりゃ日本の公道におけるバイクの速度記録じゃないの？　少なくともメーターが表示した速度としては。

さすがにあきれて後で普通のメーターに替えたんだそうだけど、こういうイタリア車（4輪でも2輪でも）の、ドコが壊れただの、どこがイッちゃっただの、雨漏りするだのって話は、聞いてて楽しいことこのうえない。当のオーナーにしてみれば、修理代は高いし、ガレージに預けても部品が届くまで長くかかるしで、周囲の人々に話して笑いを取るでもしないと、やるせないことこのうえないんだろうけど。

イタリア車には、そんな機械的にダメそうなところと、サソリのマークやポセイドンの三つ叉銛の

アルファのボディにベンツのエンジン

エンブレムがついてるとか、たまにどうしようもなく速いとかのロマンティックなところが一緒になっていて、はたで見てるかぎりは面白くてしかたがない。機械的にスゴそうなら色気も可愛げもなくて良いと思うのなら、水平対向の空冷エンジンをリアにつけた車を何十年もつくり続けたのを、「時代を超越したエンジニアリング」とかいいたいのなら、ドイツ車のファンにでもなってせいぜい長生きすればいいいさ。

レースじゃ強いが、喧嘩は弱い

しかしさすがのイタリア人も、ロマンティックだけど信頼できない機械じゃどうしようもないことがある。戦争だ。イタリアの飛行機は1930年代にいろいろな速度記録を樹立して、航空技術では世界を出し抜いた（？）ように見えた。

独裁者、ベニト・〝イル・ドゥーチェ（統領ね）〟ムッソリーニには、この成功でファシスト・イタリアの威信がピカピカ輝いたように思えたんだろう。しかもスペイン内乱でフランコ側に送られたイタリア機は、寄せ集めの人民戦線軍を相手になかなかの活躍を見せたし、イタリアのエチオピア侵攻でも、空軍（「レッジア・アエロナウティカ」だよ）は向かうところ敵なし……って、「エチオピアにゃ飛行機どころか近代的な軍隊すらなかったじゃないかーッ」と突っ込むところだ、ここは。

空では飛行機が、陸ではグランプリやスポーツカー・レースでアルファロメオが世界を席巻、「イタリアすごい！」と自分たちで思ったのが運の尽き。

1940年、イタリアが第2次大戦に参戦して、北アフリカでイギリス軍と戦うようになると、たちまちボロが出た。ほんの4、5年前には世界中であれほど評判になったイタリア空軍がてんでダメだったのだ。

資源のないイタリアのことだから、物量や生産力が乏しかったのはもちろんだが、実はイタリアの飛行機はエンジンパワーで負けていた。

イギリス空軍のホーカー・ハリケーンやスーパーマリン・スピットファイアが、液冷V12気筒1000〜1400ps級の「ロールズロイス・マーリン」とかを装備していたのに、イタリアのフィアットG50やマッキMC200の「空冷星型14気筒フィアットA74RC38」エンジンときたら、たったの840ps。そのうえ砂漠の暑熱と砂ぼこりで故障続出、さらに物資不足と補給の混乱で予備部品さえないんだから、もう敗色はダークになるばかりだった。

ミラノのスリーポインテッドスター

イタリア自身もそんな弱点には参戦前から気づいてはいたが、イタリアの工業力じゃ大馬力のエンジンはおいそれとは開発できなかった。マッキMC200サエッタ（「矢」のことだ）の設計者マリオ・カストルディは、「せっかく機体の素性は良いんだし、ハンドリングてゆーか操縦性も優れてるんだから、正面面積が小さくて強力な液冷V型エンジンをつければ、シャシー（?）のポテンシャルをフルに引き出せるのに」と前から考えていた。

そんなエンジンが、同盟国のナチスドイツにはちゃんとあった。かのメッサーシュミットBf109戦闘機に使われてる「ダイムラーベンツDB601」、液冷倒立V型12気筒1175psだ。

アルファのボディに ベンツのエンジン

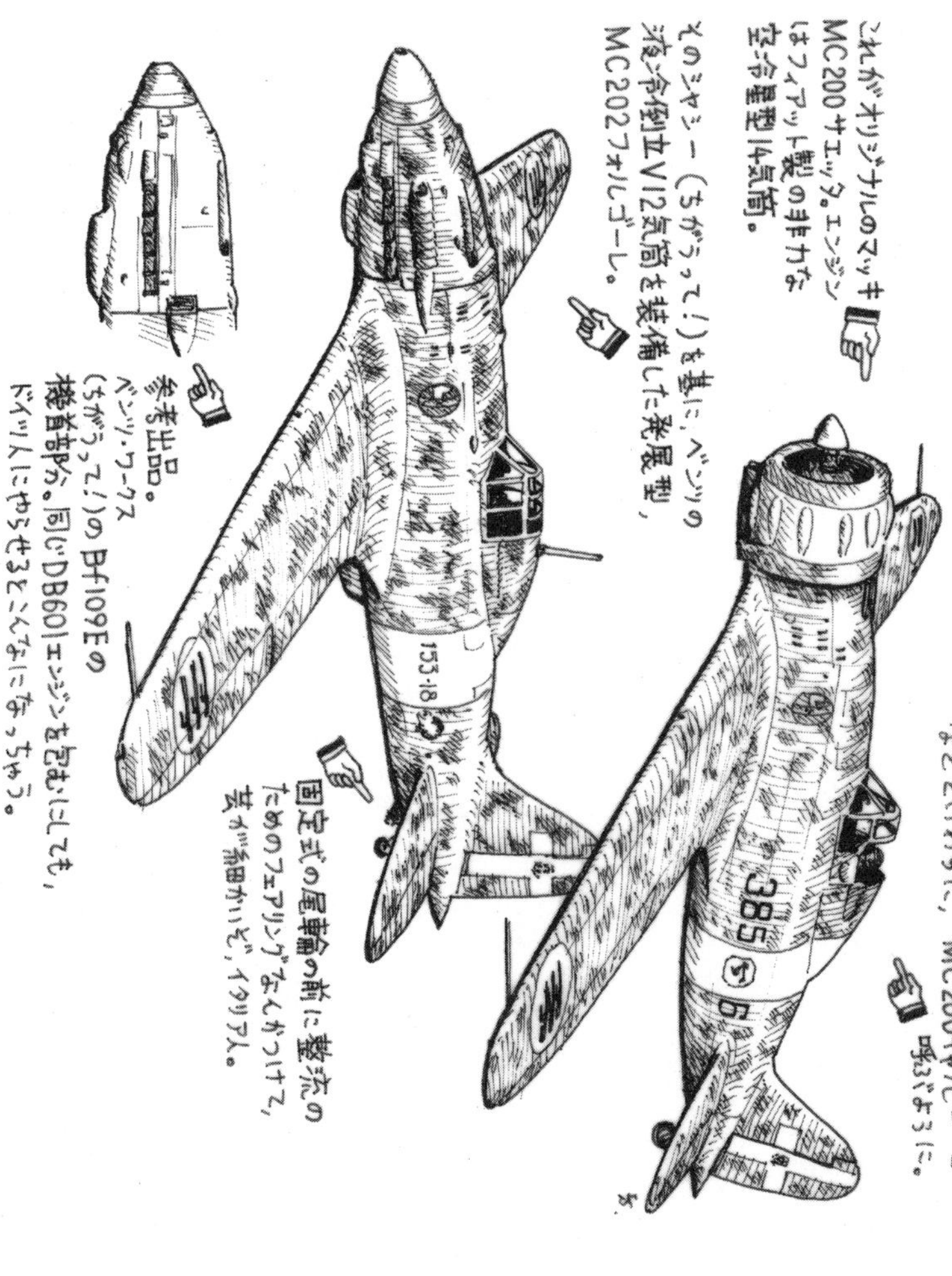
半開放式のキャノピー。少い空気抵抗と
パイロットの視界/開放感を両立させよう
としたわけだ。今後は"タルガ・トップ"
などといわずに、"MC200キャノピー"と
呼ぶように。
これがオリジナルのマッキ
MC200サエッタ。エンジン
はフィアット製の非力な
空冷星型14気筒。
そのシャシー(ちがうって!)を基に、ベンツの
液冷倒立V12気筒を装備した発展型、
MC202フォルゴーレ。
385
153-18
固定式の尾輪の前に整流の
ためのフェアリングなんかつけて、
芸が細かいぞ、イタリア人。
参考出品。
ベンツ・ワークス
(ちがうって!)のBf109Eの
機首部分。同じDB601エンジンを包むにしても、
ドイツ人にやらせるとこんなになっちゃう。

そこでマッキMC200戦闘機の設計を基にして、1940年8月にこのDB601を装備する試作機をつくってみると、やっぱり高性能を発揮した。早速これをMC202フォルゴーレ（「雷電」だ）として量産することが決まり、DB601エンジンもイタリアでライセンス生産することになった。

それを担当したのが、何ということか、アルファロメオ。イタリアでの名称は「RA1000RC41－Iモンソーネ（「モンスーン」のことだな）」。アルファロメオとベンツといえば、大戦前にはグランプリでのライバル同士じゃないの。アウトデルタの赤いティーポCが、メルセデスベンツのシルバーのW25や154と激闘を繰り返したのは、ついこないだのことじゃないの。タツィオ・ヌボラーリだったら、アルファにもアウトウニオンにも乗ってたからいいだろうけど。

ビットリオ・ヤーノ先生が（すでにアルファを去ってたが）このときに何を思ったやら、歴史は黙して語らない。ティーポCも最後にはベンツやアウトウニオンの臆面もない馬力に屈したんだから、イタリア製エンジンは陸でも空でもテデスコのエンジンに敗れたことになる。

「いやあ、惜しかったなあ」

1941年夏から実戦に投入されたMC202は、期待どおり連合軍の戦闘機と互角の性能を発揮した。しかしそこでまたイタリアの生産能力の低さが足を引っ張る。空冷星型14気筒986psの「ピアッジオP・RC40」エンジンを使用して、同じくいま一つ性能が輝かないでいた戦闘機に、レッジアーネRe2000っていうのがあって、そちらもこのアルファロメオ製ベンツエンジンに換装したRe2001を生産することになったのだ。

それでアルファロメオがエンジンをちゃんと大量生産しててくれればよかったのだが、そうはならなかった。アルファロメオでのＲＡ１０００エンジンの生産数はたまに月産50基を超える程度で、それをＭＣ２０２とＲｅ２０００とで分け合わなくちゃならなかった。おかげでＭＣ２０２の生産もさっぱり進まず、43年のイタリア降伏まで１５００機ぐらいしか完成しなかった。ＭＣ２０２は第２次大戦で本格的に使われたイタリア戦闘機の中では最良の機体とか言われたけれど、戦争は結局のところ「数」だから、多勢に無勢じゃどうにもならない。

ＲＡ１０００に続いて、イタリアはさらに高性能のエンジンを求めた。ＤＢ６０１の発展型で１４７５psの「ＤＢ６０５」エンジンもライセンス生産した。さすがにアルファロメオに任せるとろくなことにならないとわかってか、今度はフィアットが生産し、その名も「ＲＡ１０５０ＲＣ58ティフォーネ」となった。これを装備したイタリア戦闘機はどれも相当すごい性能だったが、時すでに遅しで、「いやあ、惜しかったなあ」で終わっちゃった。

こんなイタリア人は、やっぱり近代的な戦争なんかやっちゃいけない。戦後はそのぶんの闘志や技術力をモータースポーツに注いだのか、ご存じの通り数々の栄光がイタリア人の頭上に輝いた。しかし、それでもはたで見ていてイタリアらしくて感動するのは、ピットアウトでリアホイールが外れるとか、クラッチつないだ途端にドライブシャフトがねじ切れるとか、あと一歩の勝利が脆くも消えていく瞬間だ、と思う。

そう考えると、イタリアのチームのくせに、フランス人の指揮の下、イギリス人の作戦で、冷静沈着にして緻密なドイツ人が走って、それでチャンピオンシップなんか取ったりしていいんだろうか。そんなイタリアの勝利が見たいか？　それでも赤い車がトップならいいのか？

赤くて気負ってたのに、テデスコどもにいいようにやられちゃった、アルファロメオ・ティーポC。それにしてもなんだってルーバーが⚊型になってるんだか。そのほうがカッコいいからか？

アルファロメオにもメルセデス・ベンツにも、さらにはアウトウニオンにも乗ってた、タツィオ・ヌヴォラーリ先生。本文のテーマとあんまり直接的関係はなかったかな。

輝かしい勝利の数々に総統もことのほかお喜びである。メルセデス・ベンツはパワーでアルファロメオを圧倒して、数年後にはアルファロメオがダイムラー・ベンツのエンジンを作らされることになる。マンマ・ミーア！

第1章 第6話 そびえ立つ大木の根っこには……
～フィアットの光と影

そびえる巨木

21世紀にかけていよいよその数を減じつつある世界の自動車メーカー。かっては熱帯雨林のように、たくましいのやか弱いのや、可憐なのや妖しいのや、実に多種多様なメーカーが密生し、生い茂っていたのだが、これがその極性の姿なのか、いよいよ数少ない巨木だけがそそりたつようになってきた。

自動車工業界の巨木の一つは、イタリアにそびえている。FIATだ。いまさら軍事ヒョ～ロン家ごときが言うまでもないのだが、FIATとはファブリカ・イタリアナ・アウトモビリ・トリノ（Fabbrica Italiana Automobili Torino）、つまり「トリノ・イタリア自動車製造所」の略だ。しかしその巨大な看板には偽りがあって、フィアットは自動車だけじゃなくて、飛行機もつくっていたのだ。それどころか機関車とか船舶用エンジンのメーカーでもあり、農業用トラクターも製品の一つだったこともあって、フィアットはおよそエンジンのつく乗り物ならすべて手がけてきたようだ。しかもフィアット自転車っていうものまであって、エンジンなしの乗り物にまで手を染めていた。

そもそもフィアットという会社ができたのが1899年、つまりすでに足かけ3世紀にわたって存続してきたことになる。ドイツで自動車工業が始まって、すぐに新らしもの好きでドイツに負けるのが嫌いなフランスが追随して、イタリアは出遅れていたのだが、元騎兵将校のジョヴァンニ・アニェッリはそれではならじと、ブリチェラジオ伯爵やビスカレッティ伯爵の後援を得て、エンジニアのエンリコ・マルケージやルドヴィコ・スカルフィオッティらと語らって、ＦＩＡＴという会社を設立したのだ。

フィアットは地道に商業的成功を積み重ねるとともに、初期のレースでもいくつか目立った成績を残しているが、やはり第1次世界大戦で車両を大量生産したことと、戦後に大衆車市場の可能性に目をつけたことが、後の巨大メーカーへの発展の足がかりになったようだ。

空のフィアット

大衆車路線に踏み出す一方、依然としてフィアットはレースにも参加して、いくつかのグランプリで優勝を飾ってもいる。が、次第に同じイタリアのアルファロメオにお株を奪われ、レーシング・フィアットの活躍はその陰に隠れがちになった。

そんななか、１９２４年7月6日、フィアットの「メフィストフェレス」というスペシャル・モデルが、イギリス人のサー・アーネスト・エルドリッジの操縦によって、フランスのアルパジョンの特設コースで、フライングマイル２３６・３４０㎞／ｈの世界速度記録を樹立！……と思われたのだが、このときはリバースギアを持っていないという理由で公認されず。結局、一月後に出した２３４・９８０㎞／ｈが公認速度記録となった。

第1章 第6話 そびえ立つ大木の根っこには……

「メフィストフェレス」はこのころのレコードブレイカーの例に漏れず、途方もないエンジンを装備していた。排気量21ℓ（21706cc）の飛行機用A12Bisユニットだ。飛行機製造にも手を出していたのが、本業の自動車での栄光に役立ったのだから、何といっても巨大企業は得をする仕組みになっているらしい。

フィアットの飛行機は1920年代にチェレスティーノ・ロザテッリという設計者を得て一連の戦闘機を作り出し、イタリア空軍の主力となっていた。もちろんこの時代のことだから複葉なのだが、操縦性のよさでは定評があり、中小国にも輸出されたりした。20～30年代には、いろいろな記録飛行や飛行機レースでイタリア機が大活躍して、イタリアは世界の航空先進国とみなされていた。

フィアット戦闘機の成功も、「メフィストフェレス」の速度記録も、その栄光の一端を担ったわけだが、イタリアの飛行機と自動車の高性能は、ムッソリーニのファシスト政権が誕生すると、国威発揚の格好の道具ともなったのだった。1933年に初飛行したCR32戦闘機はスペイン動乱に派遣され、ナチスドイツ製の戦闘機とともにフランコ将軍の反政府軍側の空軍で使われ、人民戦線側のソ連製や西欧製の飛行機を相手に戦った。

歴史的子ネズミ

同じ1930年代にフィアットが送りだしたのが、初代の500、「トポリーノ」（子ネズミ）だった。この歴史に残る2シーターは、あろうことかエンジンを、フロントアクスルの前どころかラジエターの前に装備して、そこからリアアクスルを駆動するという、大胆な配置だった。エンジンは水冷4気

それでもやっぱりチェーンドライブ。もっとましな駆動方式を思いつかなかったんだろうか？

1924年にフランスのアルパジョンでイギリス人がドライブして、235km/hの速度記録を作った、イタリアのフィアット"メフィストフェレス"。エンジンは21ℓの航空機用。強引であることよ。

ファシズムもその空軍も第2次大戦で滅んだけど、"トッポリーノ"は生き続けた。これは1948年のヴェルヴェデーレ・ステーション・ワゴン。ピカピカのを東京・港区あたりで乗り回したら、あまたのスノッブのセンボーのマトだろうな。

750フィアット・アバルト・ツァガートでもないと太刀打ちできないぞ。

1930年代のフィアット中型車のヒット作、"バリッラ"のシャシーにはいろんなカロッツェリアがボディを作った。

この美しいツートーンの（って、何色だ？）「ベルリーナ・ティーポ"Z"」を作ったのはベルトーネ。このころからベルトーネの作品には後のランボルギーニ・ミウラにも共通する……ところは別にないや。

第1章 第6話

そびえ立つ大木の根っこには……

筒569cc、ベアリングは2ヶ所にしかなくて、ウォーターポンプはなし、熱サイフォン効果で冷却水を循環させ、燃料も重力供給、オイルポンプも加圧なし、という単純そのものだった。

この〝トポリーノ〟開発にあたって、フィアット社はプロジェクトリーダーに飛行機用エンジン部門の長だったアントニオ・フェッシア博士をすえた（機械部分の設計者は、いわずと知れたダンテ・ジアコーサだ）。「トポリーノ」には、どこかで飛行機の血が入りこんでいたのかもしれない。それにしても飛行機のエンジンは、液冷ならば当時ですらV型12気筒が当たり前だったのに、平然とこんな簡単なエンジンを作っちゃうんだから、フェッシア博士の思い切りの良さは大したもんだ。

フィアット「トポリーノ」はフランスでもシムカがライセンス生産したりして、大衆車として稀代の傑作車になった。わずかに時代は下るが、同じように成功したのがドイツのフォルクスワーゲンの初代ビートル。こうして見ると、どちらも国家社会主義というか全体主義国家の製品だ。ひょっとしてファシズムは良くできた大衆車に乗ってやってくるのか？　それともファシストは大衆に素敵な小型車をくれるのか？　ま、いずれにしてもクルマの責任じゃないんだけどさ。

だがちょっと待てよ、1960～70年代につぎつぎと優れた大衆車をつくって、世界有数の自動車生産国に成り上がった国があったっけ。あの国は大丈夫なのか？

イタリア最大の飛行機メーカーでもあるフィアットは当然爆撃機もつくった。その一つのBR20という双発爆撃機は、日本陸軍にも採用されて中国との戦争に使われた。当時としては最新式で、しかも日本製爆撃機と違って重武装だからずいぶん期待されたらしい。イタリア製だから「イ式重爆撃機」なんて呼ばれたが、日本製の飛行機とは勝手が違うんでどうにも使いこなせず、乗員たちからは評判が悪かった。部品の供給が難しくて整備にも苦労したそうだ。ま、それも飛行機自体のせいじゃないんだけどさ。

チンクェチェントとジェット機

第2次大戦後もフィアットは健在で、「トポリーノ」の改良型や、その後継車のチンクェチェントから今日まで、イタリアの大衆車をつくり続けている。飛行機でも1950年代にはG91というジェット軽攻撃機がNATO共同採用され、空軍の曲技飛行チーム〝フレッチェ・トリコローリ(「三色の矢」という意味だな)〟でも使われた。航空機部門は後に他の飛行機メーカーと合併してアエリタリアという会社になったが、航空エンジン部門はフィアット・アヴィアの名で、各国のジェットエンジンの共同開発・生産計画に参加している。日本の空を飛んでる旅客機にも、きっとどこかでフィアット製のコンポーネントが使われてるはずだ。

フィアット・グループ傘下には、今やランチアやフェラーリ、アルファロメオをはじめ、例のマニエッティ・マレリとか数多くの系列会社があって、トラクターやトラックそのほかいろんな製品を送りだしている。こんな間口の広い乗り物系企業グループは世界にもそうあるもんじゃない。ドイツのダイムラーベンツ(現ダイムラークライスラー)と、日本の三菱自動車/三菱重工ぐらいなものだ。どれも航空機用エンジンや飛行機もつくってるし。

と、ここで思うのだが、こういう巨大企業って、どれもかつての全体主義国家の会社で、しかも第2次大戦当時は兵器メーカーだった。そうか、21世紀の自動車工業界にそびえ立つ大木は、20世紀の戦争にしっかり根を張っているんだな。

そびえ立つ
大木の根っこには……

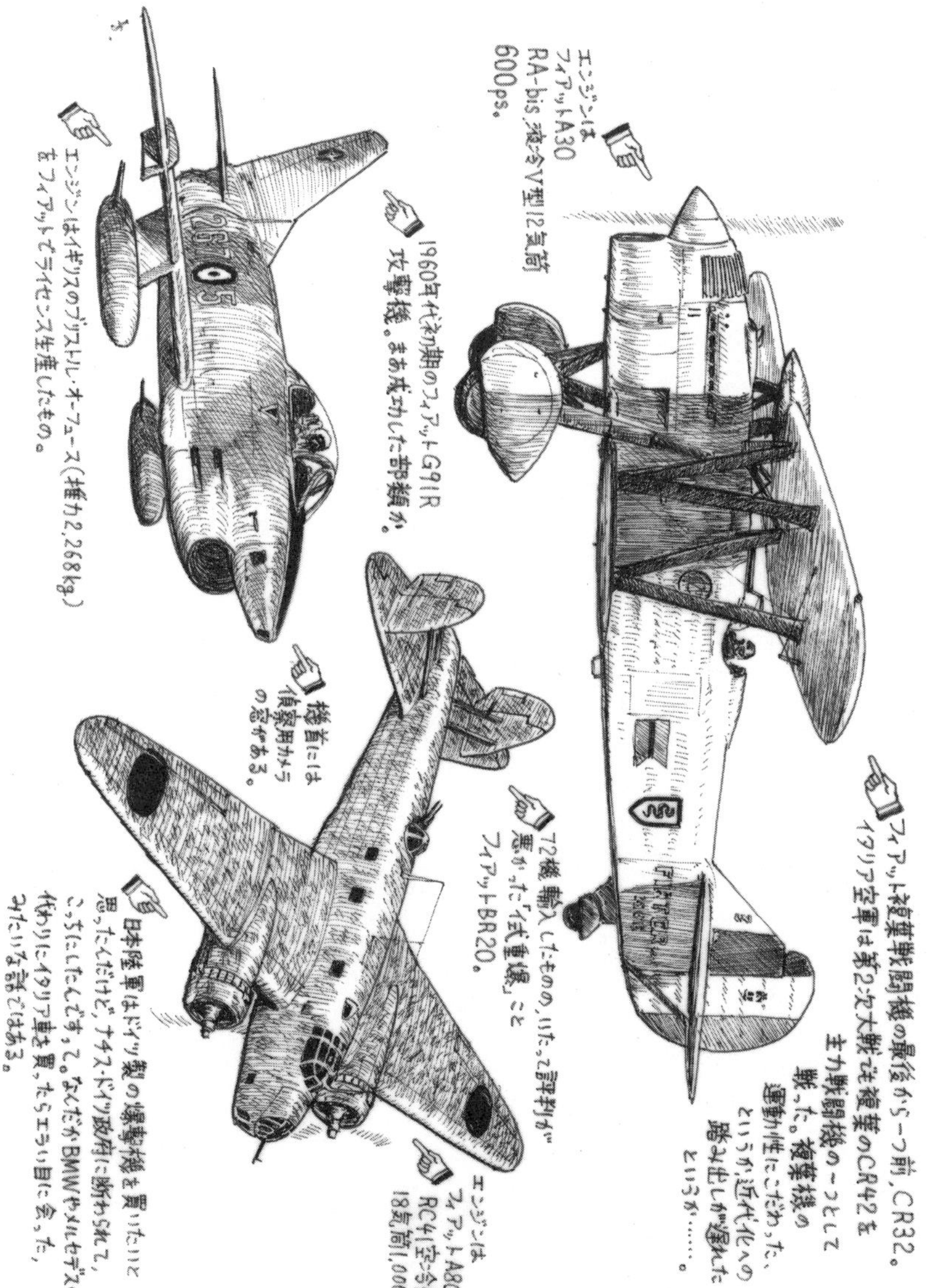
エンジンは
フィアットA30
RA-bis 液冷V型12気筒
600ps。
1960年代初頭のフィアットG91R
攻撃機。まあ成功した部類か。
エンジンはイギリスのブリストル・オーフュース(推力2,268kg)
をフィアットでライセンス生産したもの。
機首には
偵察用カメラ
の窓がある。
フィアット複葉戦闘機の最後から一つ前、CR32。
イタリア空軍は第2次大戦では複葉のCR42を
主力戦闘機の一つとして
戦った。複葉機の
運動性にこだわった、
というか近代化への
踏み出しが遅れた
というか……。
72機輸入したものの、いたって評判が
悪かった「イ式重爆」こと
フィアットBR20。
日本陸軍はドイツ製の爆撃機を買いたいと
思ったんだけど、ナチス・ドイツ政府に断られて、
こうなったんだってさ。なんだかBMWやメルセデスの
代わりにイタリア車を買ったらエライ目に会った、
みたいな話ではある。
エンジンは
フィアットA80
RC41空冷星型
18気筒1,000ps。

第⑦話

大衆車メーカーには荷が重い

～ルノー・エンジンの四苦八苦

ヴィーヴ・ラ・フランス！

イギリスにロールズロイスあれば、ドイツにダイムラーベンツあり、イタリアにフィアットとイソッタフラスキーニあり。第2次大戦ぐらいまで、飛行機のエンジンをつくる会社は、たいてい名だたる自動車メーカーでもあった。しかもいずれも相当の高級車メーカー。フィアットも、草創期は高級車メーカーだった。すぐ大衆路線に進路変更したけれど。そりゃもっともな話で、高出力で比較的軽量なガソリンエンジンに造詣の深いメーカーといったら、大きくて高い車をつくってて、エンジンのメカニズムの開発にも十分にお金をかけられる会社しかない。トラックのメーカーや大衆車のメーカーじゃ、やっぱり航空機用エンジンには手が出せないのだ。

それと一緒に感心するのは、イギリスにせよドイツにせよ、イタリアにせよ、それだけの技術的能力を持つ高級車メーカーがそれぞれにちゃんと存在することだ。大金持ち様たちのための、とんでもない豪奢な車を少しだけつくってきた会社が、飛行機のエンジンもつくれるほどの技術者を抱えてて、必要とあれば航空機エンジンの開発費を出せるわけだ。そんな会社を存在させてきたんだから、やっぱりヨーロッパの金持ちの威力は底知れない。ディーラーもののフェラーリの新車を手に入れたぐらいで、額が脂汗でてらてらするようじゃ、とても本物の金持ちにゃかなわない。

そんな欧州列強各国の中で、フランスの代表的な飛行機エンジンのメーカーといえば、イスパノスイザだった。イスパノスイザはその名のとおり、スイス人がスペインで作った会社で、それをフランス一の航空機用エンジンメーカーといっていいのか不思議なところもあるんだけど、フランス人はそういう点は実に身勝手で、どこの国の人間でもフランスで成功すればフランス人ってことにしちゃうみたいだ。かのエットーレ・ブガッティだってイタリア人じゃないの。シャルル・アズナブールはアルメニア人で、イブ・モンタンはイタリア人、レオナール・フジタは日本人、ジダンはアルジェリアからの移民だしね。ついでにいうと、フランス人で近代のフランス文化に貢献した人間はたいていフランス社会のアウトサイダー。マルセル・プルーストは引き込もり、ポール・ベルレーヌとアルチュール・ランボーはナニの関係で、ジャン・ジュネやミシェル・フーコーもアレだった。普通のフランス人って、何を考えて三色旗を振ってるんだろうね。

コウノトリのマスコット

それはともかくとして、イスパノスイザの水冷V型8気筒エンジン（180ps）は第1次大戦当時の主力戦闘機、スパッド7に使われた。スパッド7は当時随一の高速戦闘機で、フランス空軍のエース・パイロットの多くがこの機体で戦果を挙げた。その精鋭部隊がコウノトリをマークとする飛行隊、〝エスカドリル・シゴーニュ〟で……とだけいえば見識ある『NAVI』の読者諸賢はおわかりだろう。イスパノスイザのラジエターグリルの上に輝くマスコットが、エスカドリル・シゴーニュのインシグニアをモチーフにしているのだ。

そのマスコットも誇らしげなイスパノスイザの後席で、金持ちが次にスタビスキー氏と会うのはいつにしようか思案しているころも、フランス戦闘機のエンジンはイスパノスイザだった。8気筒だったのが12気筒に拡大されて、出力も第1次大戦当時の180psから450ps、500psと増強されていった。1930年代半ばの主力戦闘機、ドボワティーヌD510のイスパノスイザ12Yエンジンに至っては、860psという当時としては立派な出力だった。しかも両バンクの間に20㎜機関砲（これもまたイスパノスイザ製）を置いて、減速ギアの後ろから砲身を突き出し、プロペラシャフトの真ん中から発射する方式を採用していた。これで大威力の機関砲弾の命中精度を高めようというわけで、けっこう各国から注目された。

でも1930年代末、イギリスのロールズロイスやドイツのダイムラーベンツが1000ps級のエンジンを開発している時に、イスパノスイザのエンジンは相変わらず860psかせいぜいで920psだった。おかげでフランス戦闘機はドイツのメッサーシュミットBf109に対して、性能的には一枚も二枚も下手だった。1940年にフランスがドイツにあっさり敗北したのにはいろんな理由があって、飛行機のエンジンだけのせいじゃないんだけど、少なくともそれで不利を強いられたことはまちがいない。

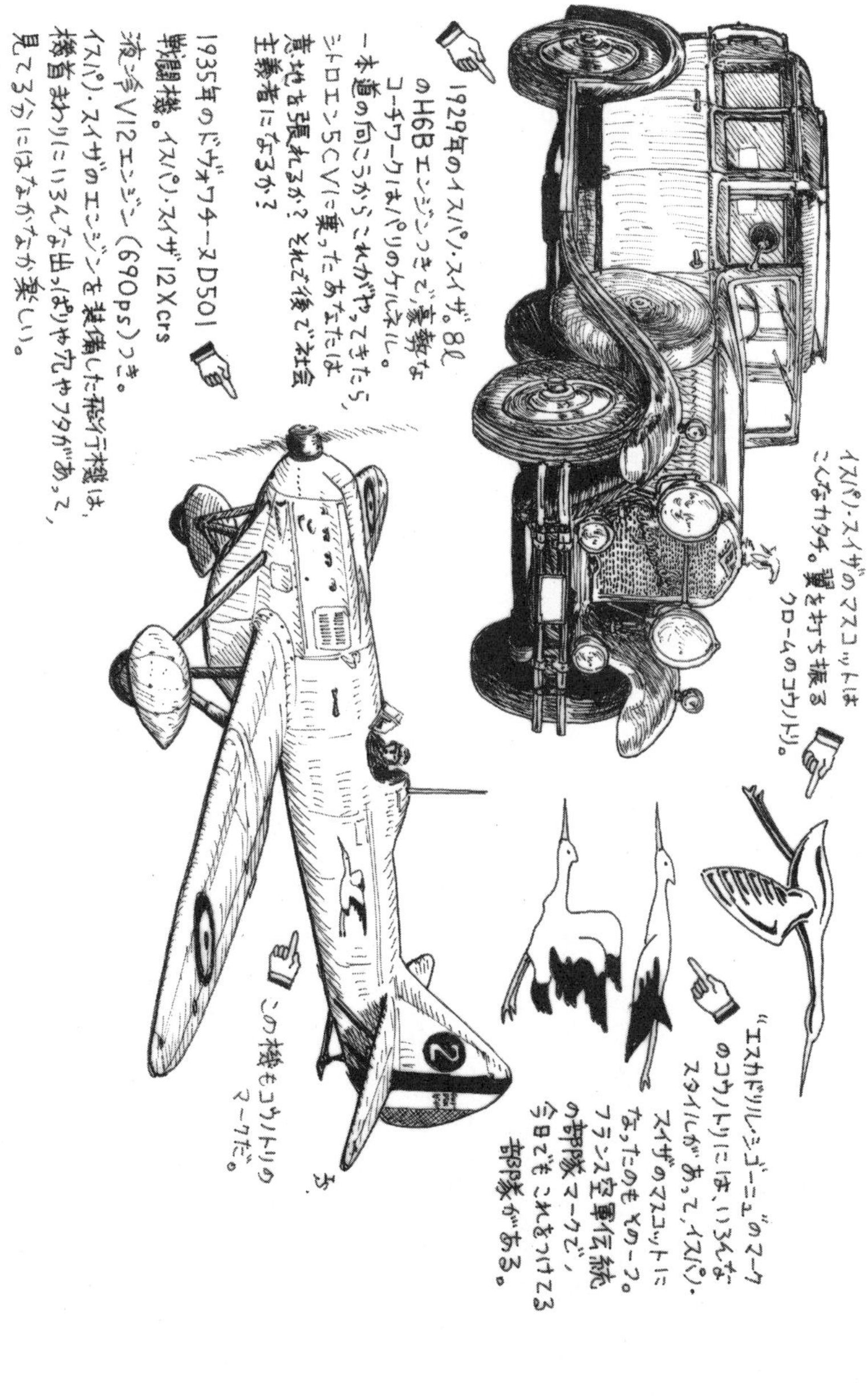
イスパノ・スイザのマスコットはこんなカタチ。翼を打ち振るクロームのコウノトリ。

"エスカドリル・シゴーニュ"のマークのコウノトリには、いろんなスタイルがあって、イスパノ・スイザのマスコットになったのもその一つ。フランス空軍伝統の部隊マークで、今日でもこれをつけてる部隊がある。

1929年のイスパノ・スイザ。8ℓのH6Bエンジンつきで、豪勢なコーチワークはパリのケルネル。一本道の向こうからこれがやってきたら、シトロエン5CVに乗ったあなたは意地を張れるか？それで後で社会主義者になるか？

1935年のドヴォワチーヌD501戦闘機。イスパノ・スイザ12Xcrs液冷V12エンジン(690ps)つき。イスパノ・スイザのエンジンを装備した飛行機は、機首まわりにいろんな出っぱりや穴やフタがあって、見てる分にはなかなか楽しい。

この機もコウノトリのマークだ。

空飛ぶルノー

同じ1930年代末、どうやらドイツとの戦争が避けられそうもないとやっと気づいたフランス政府は、遅まきながら空軍の増強に着手した。とはいえ予算や生産力には限りがあるから、全部第一線級の飛行機ばかりでそろえるわけにはいかない。それより一部の兵力は、性能じゃ多少劣っても安くて早くできる飛行機にした方がいい。高性能で高価なのと、多少しょぼくても安いのとを併用するのだ。ベンツのCクラスを持ってるから2台目はAクラス、っていうのと……ちょっと違うかもしれない。

そこでフランス空軍はイスパノスイザのエンジンつきの本格戦闘機と並行して、軽量小型の戦闘機を作ることにした。メーカーはコードロン社。第1次大戦のころからの由緒ある会社だが、30年代には小型高速機で有名だった。とくにコードロンのC460レーサーはわずか8リッターという、航空機用エンジンにしては異例の小排気量のスーパーチャージャーつきルノーR428エンジンながら、1934～35年にヨーロッパやアメリカのレースで目覚ましい活躍を見せた。なんか1950～60年代のルマンで性能指数賞を狙ってちょこまかしてた、パンアールやアルピーヌの小排気量スポーツカーみたい。

このレーサーを基にした戦闘機がコードロンCR714だった。エンジンは450psのルノー12Ro空冷倒立V型12気筒。珍しく大衆車メーカーが飛行機のエンジンをつくったわけだ。でもCR714はどうも性能が十分でなかった。純スポーツを実用化するとヘッドランプやフェンダー……はウソだけど、機関銃に無線機とかが加わって、重くなって性能が低下するものだ。

第1章 第7話 大衆車メーカーには荷が重い

ＣＲ７１４は少数生産で打ち切られ、何とかパワーアップを図ろうと、エンジンをイタリア製の７３０psイソッタフラスキーニ・デルタＲＣ40に替えたＣＲ７６０が試作された。でもいくらなんでも当時のファシスト・イタリアは、フランスにとっては仮想敵ナチスドイツの同盟国、そんな国から戦闘機のエンジンを買うわけにはいかない。何とか純国産のエンジンをと考えたルノー社は、何と空冷倒立Ｖ型16気筒で８００psのルノー６２６をつくりだし、早速これを装備したコードロンＣＲ７７０戦闘機がつくられた。

時は１９４０年5月。すでに第2次大戦は始まって、ドイツとフランス・イギリスは国境を挟んで不穏な睨み合いを続けている。ＣＲ７７０はルノー・エンジンの爆音も高らかに初飛行に離陸した……と思ったら、10分後に長いクランクシャフトが折れた。急いで組み立てたからベアリングの数が足りなかったんだそうだ。テスト・パイロットの必死の操縦でＣＲ７７０は何とか不時着したが、修理する前にドイツ軍が侵攻し、敵の手に渡るのを防ぐため、ＣＲ７７０は破壊処分された。

で、結局ルノー・エンジンつき戦闘機は、少数のＣＲ７１４が亡命ポーランド人部隊で使われただけに終わった。これで航空界とは縁がなくなったのかと思いきや、実は近年、ルノー・スポールが軽飛行機用のエンジンを提案してる。大衆車のメーカーはやっぱり戦争の道具に手を出さない方が無難だな。

驚異の小型高速機コードロンC460。1934年12月，
レーモン・デルモットの操縦で，505.3km/hの
クラス速度記録を樹立。1936年にはアメリカの
ナショナル・エアレースに遠征，優勝をさらってる！

フレンチ・ライトウェイトの最後，コードロン
CR770。倒立V16，つまり片バンク8
気筒なんて，やっぱり無理っぽいと思うぞ。
しかもそれがフランス製ときたら，あなたは
信用する気になるか？

で，そのころルイ・ルノーがフランス
の一般ピープルのためにどんな
車を作ってたかというとこんなの。
1939年型ルノー・ジュヴァカトル。フランス
の庶民はこれの新車でヴァカンスを
過し，9月に戦争への突入を知り，
翌年6月にはパリにドイツ軍を
迎えるのであった……。

第1章 第8話 サイクルカーと機関銃

～フレイザー・ナッシュの目指したもの

1人でフレイザー・ナッシュ

世の中には意外な人や会社が意外なことをしてるものだ。たとえば旗本のお姫様が実は弁天小僧だったり、自称「軍事ヒョ～ロン家」が自動車のコラムを書いていたり、書道の本を出版してる会社がクルマ雑誌を出していたりする。

外国でもイギリスにビンテンという会社があって、TVニュースのクルーが使う軽量かつ頑丈な三脚にVintenという文字が入っているのだが、この名前、航空ショーでよく見かける。それも戦闘機や攻撃機の爆弾投下装置として。そう、プロも薦めるヘビーデューティ三脚のメーカーは、実は兵器メーカーだったのだ。聞けばこのビンテンという会社、昔から機関銃の銃架を作っていたのだぞうで、どうりで軽くて伸び縮みが確実、しかも安定の良い三脚が得意なわけだ。

そんなように関係があるようなないような、妙な経歴を持っているのがイギリスのフレイザー・ナッシュ。そもそもこのメーカーは、アーチボルド・グッドマン・フレイザー・ナッシュという人がつくった会社だ。フレイザーとナッシュの2人組じゃなくて、一人でフレイザー・ナッシュなのだな。

1910年、若きアーチボルドはやはり若いエンジニアのロナルド・ゴドフリーと一緒に、GNというサイクルカーを作って売り出した。

GNは木製のフレームに4分の1楕円リーフサスペンション、空冷2気筒エンジンからベルトドライブで後輪を駆動する（わお！）という車で、軽量パワフルで高性能、しかも安かったので、当時の市場でかなり当たったそうだ。ただし乗り心地はやはりそれなりのものでしかなかったし、車輪が外れるクセがあったそうだ。

1914年に第1次大戦が始まると、GN社も軍需生産に参加、〝アーチー〟・フレイザー・ナッシュ自身も応召して陸軍に入隊、航空委員会の兵器部門で働いた。ここでフレイザー・ナッシュが手がけたのが、戦闘機の機関銃とプロペラ回転を同調させるメカニズムの実用化だった。当時の戦闘機は機関銃を機首の上面に装備したかった。パイロットの目の前に機銃があれば照準が正確にできるし、故障しても手を伸ばして修理できるからだ。

ところがプロペラの回転面を通して機銃を発射するにも、下手をすると機銃弾が自分のプロペラに当たってしまう。当時のプロペラは木製だからこれは困る。プロペラが機銃の前にあるときは弾が出ず、プロペラが通りすぎると発射する仕かけが必要だったのだ。

イギリスでその種の装置を発明したのは、ルーマニア人のゲオルゲス・コンスタンティネスコとコウリー少佐だった。それに油圧機構を組み合わせて実用化する作業にフレイザー・ナッシュは技術将校のグラットン・トンプソンとともに加わった。こうしてできあがった機銃同調装置は大戦後期のイギリス戦闘機に大々的に採用されたのだった。

大喜びした英国のエンスージアスト

フレイザー・ナッシュは終戦時には課長にまで昇進していた。GNのサイクルカーもチェーンドライブの採用など改良を重ねて生産が続けられていたが、戦争が終わるとサイクルカーの時代は去り、大型化と高級化は性能の低下を招いてかえって販路を狭めてしまった。1923年にゴドフリーとフレイザー・ナッシュはGNを去り、フレイザー・ナッシュは自分の名前で自動車会社を設立した。

1925年に登場したフレイザー・ナッシュのクルマはGNを本物の自動車らしくしたようなスポーツカーで、エンジンはアンザニの水冷4気筒サイドバルブ（スーパーチャージャーを付けることもあった）、駆動はチェーン、3速プラス後進のギアに、アルミの軽量ボディを積んで、実にきびきびと走ったそうだ。お約束の4分の1楕円リーフサスペンションはえらく固くて、ステアリングがロックからロックまで1回転でえらく重かったらしいが、ギアチェンジはスムーズだし、足まわりの座りはいいし、ステアリングは正確で遊びがなかったし、なにしろ速い。

これで破格に安かったんだから、フレイザー・ナッシュは、自動車で楽しむことを知り始めたイギリスの一般人エンスージアストにとても好評だったという。なんだか1960年代の日本におけるホンダS600みたいな存在だったんだろうか。チェーンドライブつながり、というわけじゃないけど。

しかしながら、アーチボルド・フレイザー・ナッシュとこのスポーツカーメーカー、フレイザー・ナッシュ・カンパニーとの関係は短命に終わる。1928年には業績不振とアーチボルド自身の病気のため、会社はH・J・アルディントンに売却されてしまうのだ。アルディントンは車の名前はそのまま、1939年に第2次大戦が始まるまで生産を続けた。

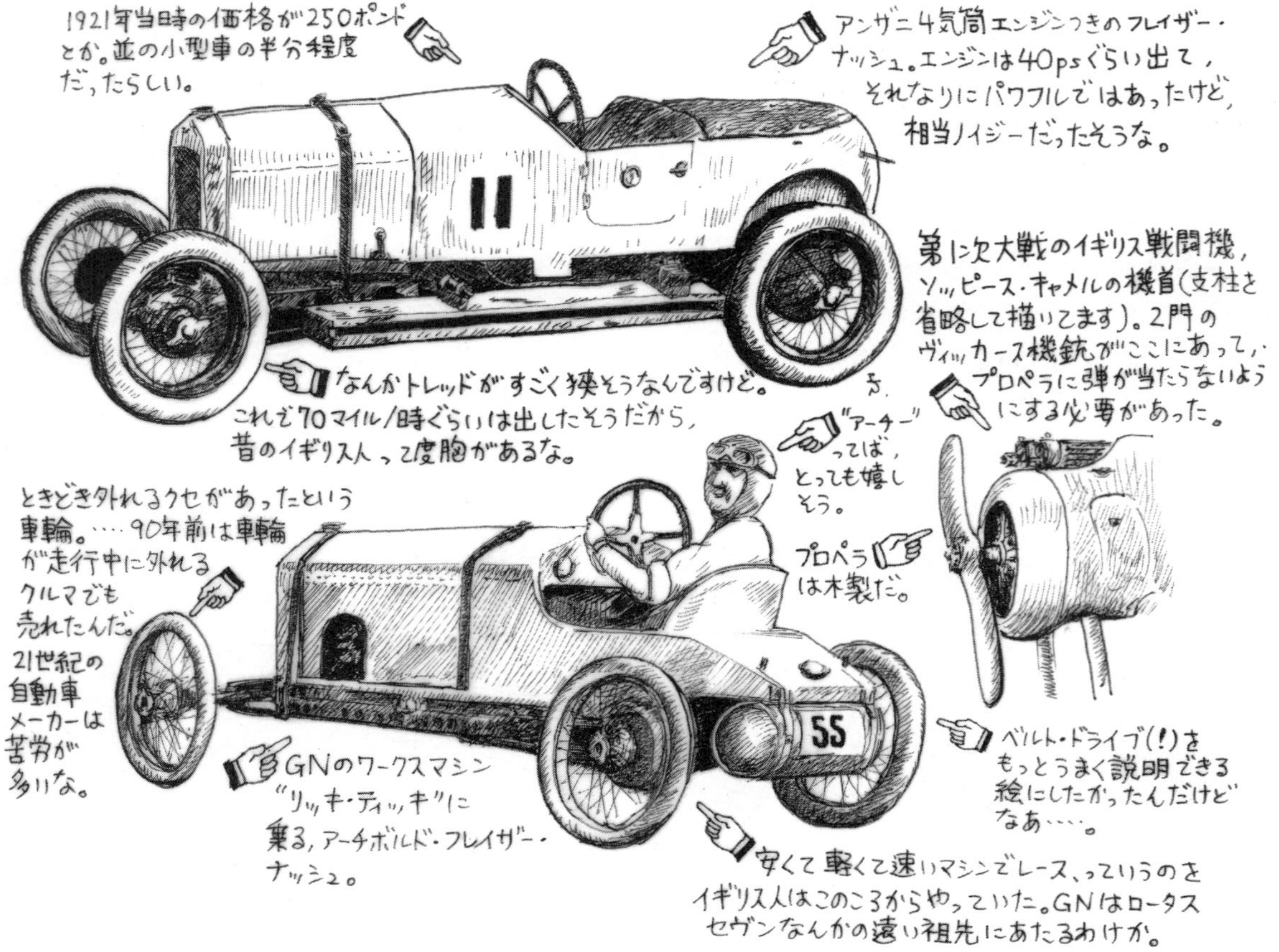
1921年当時の価格が250ポンドとか。並の小型車の半分程度だったらしい。

アンザニ4気筒エンジンつきのフレイザー・ナッシュ。エンジンは40psぐらい出て，それなりにパワフルではあったけど，相当ノイジーだったそうな。

なんかトレッドがすごく狭そうなんですけど。

これで70マイル/時ぐらいは出したそうだから，昔のイギリス人って度胸があるな。

第1次大戦のイギリス戦闘機，ソッピース・キャメルの機首(支柱を省略して描いてます)。2門のヴィッカース機銃がここにあって，プロペラに弾が当たらないようにする必要があった。

"アーチー"ってば，とっても嬉しそう。

ときどき外れるクセがあったという車輪。‥‥90年前は車輪が走行中に外れるクルマでも売れたんだ。21世紀の自動車メーカーは苦労が多いな。

プロペラは木製だ。

55
GNのワークスマシン"リッキ・ティッキ"に乗る，アーチボルド・フレイザー・ナッシュ。

ベルト・ドライブ(!)をもっとうまく説明できる絵にしたかったんだけどなあ‥‥。

安くて軽くて速いマシンでレース，っていうのをイギリス人はこのころからやっていた。GNはロータスセヴンなんかの遠い祖先にあたるわけか。

サイクルカーと機関銃

夜ごと、ベンツの工場を襲撃していた

スポーツカーから離れたフレイザー・ナッシュは、グラットン・トンプソンとともにナッシュ&トンプソンという会社を作った。こちらは大戦中の軍との関係を生かして、軍用機のための各種の油圧装置や機銃の旋回装置なんかを開発するのが仕事だった。1930年代に飛行機が高速化してくると、爆撃機などの機関銃を銃手が人力で振り回すのが難しくなってきて、油圧動力が必要になったのだ。

そこから発展してきたのが、爆撃機や飛行艇の動力銃座だった。襲ってくる敵戦闘機を撃退するため、2~4門の機関銃を装備し、銃手が乗り込んで、油圧ないし電力で機銃を俯仰させるとともに銃座自体を旋回させる装置だ。動力銃座は1930年代初頭のあたりから実用化され始め、第2次大戦前にはイギリス空軍の爆撃機や飛行艇には必須の装備となっていた。そして第2次大戦が勃発すると、ナッシュ&トンプソンは各種の銃座の大量生産に邁進した。

これらの銃座のモデル名は、FN、つまりフレイザー・ナッシュを示す略号と数字で表された。たとえばアヴロ・ランカスター爆撃機の機首に取り付けられたものは、ナッシュ&トンプソンFN5という。ランカスター爆撃機はフレイザー・ナッシュの銃座でドイツ夜間戦闘機から身を守りながら、ロールズロイス・マーリン・エンジンの爆音とともに、ドイツ各地のダイムラーベンツやBMWの工場を目標に、夜ごと闇の中を飛んでいったのだ。

機首の銃座はFN5。
背部はFN50。
尾部の銃座はFN20。
R5868

第2次大戦のイギリス空軍爆撃機、アヴロ・ランカスターMkⅠ。このR5868番機はNo.83とNo.467の両飛行隊で使われて、126回の出撃を記録、終戦まで生きのびた。現在はヘンドンのイギリス空軍博物館に保存、展示されている。機首と背部、尾部の銃座はいずれもフレイザー・ナッシュ製。それぞれタイプが違う。

どの季節か知らないが、そんなカッコしてまでオープン2シーターに乗りたいが、イギリス人!

7834H

フレイザー・ナッシュ最後のモデル、「セブリング」。運転席に座るのは、当時の経営者の一人、W.H.オルディントン。

戦後のフレイザー・ナッシュは60台以上が現存してるそうだ。

1950年代中期、カリフォルニアのローカルなレースに出場、ジャガーXK120やMG・TFなんかと競っていたフレイザー・ナッシュ「ルマン」。同時代のアラードやヒーレー・シルヴァーストーンなどと共通するもののあるデザインですな。

124E

サイクルカーと機関銃

スポーツカーなのか、兵器なのか

戦後、自動車メーカーのフレイザー・ナッシュは、航空機メーカーのブリストル社と共同でBMW328の生産を行おうとしたが、これは結局実らず、ブリストルからエンジンの供給を受けて伝統の軽量スポーツカーとして「ルマン」というモデルを作る。これが各地のレースでそれなりの成績をあげ、1950年に登場した「ミレミリア」は、後のMGAにも似たデザインの2シーターだった。

さらに1953年に「タルガフローリオ」を発表、さらに1955年にはそれはカッコいい「セブリング」が現れる。しかしこれがフレイザー・ナッシュの名を持つスポーツカーの最後となり、1956年にはフレイザー・ナッシュは生産を止めてしまう。「セブリング」は3台しか作られず、戦後のフレイザー・ナッシュの生産台数は、全モデルを合わせても90台に満たない。

その後、フレイザー・ナッシュはポルシェの輸入会社として成功をおさめたそうだ。一方、銃座メーカーのフレイザー・ナッシュの方は、今でも軍用技術コンサルティング会社として、いろいろな兵器システムや軍用装備の開発に携わっている。

軽量スポーツカーづくりも軍用技術の取りまとめ役も、いかにもイギリス人の得意な分野ではあるけれど、創業者のアーチボルド・フレイザー・ナッシュが本当に目指したのはどっちだったんだろう？

その名は「猿無村」

サルムソンというメーカー

昔々、人々は貧しく、自動車を買ったり飛行機に乗ったりすることのできる人々はごく限られていた。それが今では、もうたいていの人が自動車を持っていて、飛行機に乗って、しかも余ったお金で自動車雑誌を買うようになったんだから、世界はそれだけ豊かになった、ということなんだろう。しかし自動車や飛行機のメーカーの数はかえって昔の方がたくさんあって、これだけ多くの人々が自動車と飛行機を利用してる今の世界には、乗用車を作るメーカーも旅客機をつくるメーカーも数えるくらいしかなくなってる。

それら巨人メーカーたちが君臨するようになった陰では、ある程度の工業力を持つ国々に数多くのメーカーが現れては、あるものは何がしかの成功をおさめ、あるものは何ものも成し遂げずに消えていったわけだ。その「何がしかの成功」組のなかには、クルマとヒコーキの両方で一時は名を成したメーカーもある。その一つに、第1次世界大戦後にヒコーキからクルマに業務拡大した会社がある。フランスのサルムソンだ。

その名は「猿無村」

サルムソンというメーカーは、そもそも1890年代にポンプ会社として創立された。創業者のエミール・サルムソンという人がなかなか進取の気性に富んだ人で、ポンプ以外にいろいろな動力機械に取り組んで、1908年には40psの2気筒対向エンジンを動力にヘリコプターの実験まで行っている。これはエンジンが重すぎて失敗したが、それに懲りたか、はたまた単なる新しい物好きか、ヨーロッパに戦雲たれこめる13年、サルムソンは航空機エンジン会社をつくる。まだ飛行機なんてものが何かの役に立つかどうか、誰も知らなかったころのことだから、たいした度胸だ。ところが翌年に第1次大戦が勃発すると、飛行機はたちまち有用な新兵器に成長し、サルムソン発動機社も15年には早くもフランス第2のメーカーになった。

さらに1916年になると、サルムソンは自前で飛行機までつくりはじめた。代表的な機体は2A2と呼ばれる複座の偵察機で、外見も性能もどうってことのない飛行機だったが、信頼性の高さと操縦のしやすさで広く使われた。これを含めて第1次大戦中にサルムソンの飛行機生産数は3200機にものぼった。

このサルムソン2A2は第1次大戦後も長らく使われ、1919年にフランス陸軍の使節団が来日したときにも2機ほど持ってきて、日本軍に紹介した。日本の陸軍はサルムソン2A2の使いやすさと簡素で頑丈な構造がいたく気に入って、自分のところの工場と川崎造船飛行機部で600機もライセンス生産した。昭和30年代の日野ルノーみたいだな。

日本でもサルムソン2A2は使い減りしない飛行機で、旧式化して陸軍から退役した後には民間に払い下げられて、飛行学校やなんかでまたまた長年使われた。サルムソンはとてもポピュラーな飛行機になって、「猿無村」という当て字で呼ぶ人までいた、というのは航空工学者にしてエッセーの名手、

1921年9月にルマンで行なわれた、サイクルカー・グランプリに出場したサルムソンGSS（「グラン・スポール・スペシアル」）の第1シリーズ型。この「12」は3位に入賞した車で、ドライバー（フランス語だと"ピロード"）はカッセ。

ラジエーター・グリルのX字型のモチーフがサルムソンの特徴になってた時期もあった。いうまでもないけど、前輪にはブレーキがないんだぞ！

ラジエーター・カウルの上半分を白く塗ったのが「12」番。

乗員2人の幅ぎりぎりにしぼったボディワークがなかなかかわいい。何色だったんだろう？

サルムソン2A2の"リムジン"タイプ。2人乗りの客室つきに改造された機体。いろんな航空会社で使われ、これは1920年、ラテコエール航空の使用機。

故・佐貫亦夫教授だ。日本人が「夜露死苦」とか書いて喜ぶのは昔からだったんだな。

フランス版サイクルカー

第1次世界大戦後もサルムソンは飛行機をつくり続けるが、軍備縮小で国から大量発注があるはずもなく、そちらの商売は先細りだった。空冷星型の航空エンジンの方はなんとか順調で、1920年代にはフランスのいろいろなメーカーの飛行機がサルムソンのエンジンを採用したが、それも数は知れていた。

そこでサルムソンは航空エンジンの技術を生かして自動車をつくることにした。創業者のエミールは大戦末期に他界したが、会社を引き継いだM・ハインリッヒというヒトがなかなかのやり手で、1919年、手はじめにイギリスのGNからライセンスを買ってサイクルカーの販売に乗り出した。このGN、読者諸賢のなかにはすこし前のページを読まれてまだご記憶の方もおられようが、「H.R.Godfrey and Captain Archibald Frazer-Nash」から取られた名、つまりフレイザー・ナッシュの前身だ。当時の広告を見ると、サルムソン社製GNサイクルカーは空冷90度V型2気筒1100ccエンジンつき（振動がすごそうだ）、それでいてガソリン6リットルで100km走るんだそうだ。つまりリッター16kmになるんだけど、信じられるか？

このころのサルムソンの営業担当取締役にアンドレ・ロンバールという、実はドライバーとしても有能な人がいた。彼がサルムソンに引きずり込んだエミール・プティという技術主任がまた有能で、会社の方針だか二人の趣味だか、サルムソンは1921年からレースに打って出た。プティがDOH

Cに改造したエンジンをつけたサルムソンのサイクルカーは、ロンバールの操縦で数々のレースに優勝し、それを勢いに市販されたサルムソンは20年代初期のフランスのレースの１１００ccクラスで多くの勝利を得た。１９２１年から28年までにサルムソンのサイクルカーは世界各地のレースで、全部あわせて５５０の優勝を飾ったんだそうだ。

ルマン24時間レースの第1回は１９２３年に開催されて、地元フランスのシュナール・ワルケールが優勝したが、このときも７５０～１１００ccクラスの優勝はサルムソンだった。完走30台中の総合12位だから、小さなクルマながら侮りがたい成績だったわけだ。

進化と没落

しかしフランスでもサイクルカーの時代は早く過ぎ去って、サルムソンの製品もまともな自動車の方に変わっていった。１９２０年代後半の大衆的なヴァル3から30年代の中級車Ｓ４シリーズへと、サルムソンの車は次第に大型になり、高級車の方へと移っていくのだが、それでもデラヘイ（ドラエ）やブガッティみたいな本当の高級車にはなれなかった。

しかし１９３０年代のフランスは政治的にも経済的にもふれが激しく、自動車メーカーにとっては厳しい時代だったようだ。それに飛行機用エンジンの方も、大馬力化が進むにつれてサルムソンは追従できなくなり、航空エンジンの名残りは、会社のマークの翼に見られるだけになっていった。

そのうちに第2次世界大戦。サルムソンの自動車生産はほとんど休止状態となり、そのうえ１９４2年にはブローニュの工場が、近隣のルノー工場に対する連合軍の空襲の巻き添えで破壊されてしま

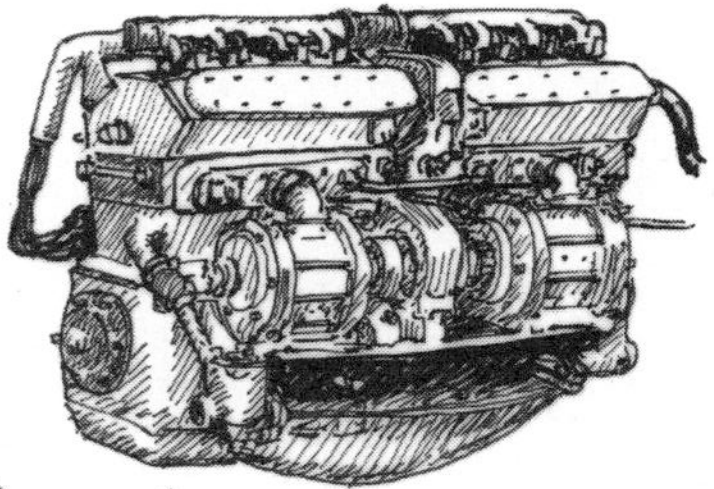

1927年，アミルカーの6気筒エンジンに対抗するため試作された8気筒エンジン。なんのことはない，4気筒エンジンを2つつなげてみただけだったりする。

1933年のサルムソンS4C。ボディにもいろいろあって，全部合わせると1932〜1935年に1,648台が作られた。エンジンは直列4気筒DOHC 1,465cc 41ps。

サルムソン最後のモデル，2300S。これはマルタンのデザインによるエスクラッサン製ボディ。シャプロン製ボディのものも作られた。

った。第1次大戦で成長したサルムソンは、2度目の世界大戦で大きな痛手を受けたわけだ。

その戦争が終わると、フランスの各メーカーは一斉に乗用車の生産を再開し、サルムソンもまずは戦前以来のS4シリーズをつくりはじめたものの、フランスの経済と工業の立ち直りは遅く、車の販売数はなかなか伸びなかった。そのなかでもシトロエンやプジョーのような大メーカーは、安い車を大量生産できるような態勢をつくりあげることができたのだが、サルムソンは生産の合理化に踏み切りそこない、価格面でも苦境に立たされた。

こうしてサルムソンは1950年代にE72やG72を送り出すものの、シェアはどんどん狭まり、最後にはかつてのサイクルカー時代の栄光を呼び戻そうとしたのか、53年に2・3リッターの2ドアクーペのスポーツカー、2300Sを売り出す。空力的ボディをまとったこのクルマ、かのチューリップラリーで優勝したり、55年からルマン24時間レースに出走したりそれなりの活躍を見せはしたのだが、販売はふるわず。わずか217台（一説には227台）しかつくられなかった。1957年2月、最後のサルムソン2300Sが工場を出て、4月にはサルムソン発動機社は消滅した。

しかしサルムソンの名前だけは今日も残っていて、ポンプや暖房施設のメーカーとして、巨大企業トムソン・グループの傘下に入っている。19世紀末にポンプ会社として生まれたサルムソンは、飛行機と自動車という20世紀の産物をつくった末に、結局もとのポンプ・メーカーとして21世紀を迎えたことになる。もしフランスに行って、どこかでポンプを見かけたら、ひょっとするとサルムソンの製品かもしれない。だからどうだ、というわけでもないのだが……。

第2章「巨匠の線」

[第10章]
- カーチス・ホーク
- カーチス・ヘルダイバー
- マーチンB-10
- フォード・スタンダード
- フォード・デラックス
- リンカーン・ゼファー
- リンカーン・コンチネンタル
- ロッキードP-38ライトニング
- グラマンF6Fヘルキャット
- ボーイングB-17フライングフォートレス
- グラマンTBFアベンシャー
- 九七式戦闘機
- 九九式艦上爆撃機
- 一式陸上戦闘機“隼”
- 局地戦闘機“雷電”
- 陸上爆撃機“銀河”
- 艦上攻撃機“天山”
- シボレー・ベルエア
- デソート・ファイアドーム
- フォード・フェアレーン
- シボレー・インパラ
- ボンティアック・スーパーチーフ
- ロッキードF-94“スターファイア”
- ヴォートF7U“カットラス”
- スチュードベーカー・スターライト・クーペ
- ハドソン・スーパージェット
- ハドソン・ジェット
- ハドソン・ジェットライナー
- プリマス・フューリー
- ノースアメリカンFJ-2“フューリー”
- オールズモビル・スターファイア98
- ゴールデンロケット
- オールズモビル・ジェットスター88
- ロッキード・ジェットスター
- オールズモビルF85“カットラス”
- ノースアメリカンP-51“マスタング”
- フォード・マスタング

[第11話]
- ランボルギーニ・ミウラ
- ルネ・ボネ・ジェット
- クーパー・クライマックス
- メルセデスベンツ300SL
- アウトウニオンPヴァーゲン
- ホンダ・ビート
- ホンダ・ライフ
- トヨタMR-S
- トヨタbB
- ホンダNSX
- ホンダ・オデッセイ
- ボンティアック・フィエロ
- シボレー・コーベット
- いすゞ・タイタン
- ニーデルラート
- モトールヴァーゲン
- メルセデスベンツ・トロップフェン・レンヴァーゲン
- ライト・フライアー
- ヴィッカース・ガンバス
- ウェストランドPV4
- ベルP-39“エアコブラ”
- ピアッジオP119
- ホンダRA302
- ジェネラルモーターズP75
- ダグラスXB-42

[第12話]
- フォルクスワーゲン・ビートル
- トヨタ・エスティマ
- メルセデスベンツAクラス
- トヨタ・プリウス
- トヨタ・ヴィッツ
- ロータス49
- JPSロータス72
- ライト・フライアー
- 零式艦上戦闘機
- フォッケウルフFw190
- カーチスF6C-3“ホーク”
- スーパーマリン・スピットファイアXIV
- シェルビー・コブラ
- ロッキードF-117
- ボーイングB-2
- フォード・モデルA
- コンヴェアF-102A“デルタダート”
- フォード・サンダーバード
- ロッキードT-33

[第13話]
- クライスラー・エアロフロー
- 1949年型フォード
- シトロエン2CV
- アルバトロス
- スーパーマリン・スピットファイア
- ボーイング・モデル307
- ボーイングB-29
- ランチア・ストラトス
- ランボルギーニ・カウンタック
- MiG-25“フォックスバット”
- ロータス72
- フォード・カスタム500
- ロッキードX-35
- フォード・トーラス
- フォルクスワーゲン・ニュービートル
- ロッキードF-117
- ボーイングX-32
- デハヴィランドDH91アルバトロス
- フィアットGPカー
- プジョー402Bレジェ
- ウィボー・ペノエ283T12

[第14話]
- スペースシャトル
- スペクトラム追跡戦闘車
- ロッキードC-130
- ロッキードC-5“ギャラクシー”
- グラマンC-2“グレイハウンド”
- シェルビー・コブラ427
- ダグラスSBD“ドーントレス”

[第15話]
- ボーイングB-29“スーパーフライングフォートレス”
- ピトケアンAC35
- フルトンFA2
- テイラー・エアロカー
- グッドイヤーGA2
- コンヴェアー・モデル118
- アストンマーチンDB4

[第16話]
- プリンス・スカイラインGT
- ロータス・コーティナ
- トヨタS800
- トヨタ2000GT
- シボレー・カマロ
- ポンティアック・ファイアバード
- パッカード120
- パッカード・クリッパー・デラックス
- パッカード8
- デバヴィランド・モス
- デハヴィランドDH88“コメット”
- デハヴィランド・モスキート
- デハヴィランド・ホーネット
- デハヴィランド・ダブ
- デハヴィランド・ヘロン
- デハヴィランド・バンパイア
- デハヴィランド・トライデント
- デハヴィランド・シーホーク
- デハヴィランド・ハンター
- ホーカー・ハリアー
- BAeホーク

第2章

ハイウェイを飛ぶクルマ

第10話

～ヒコーキを真似たこともある

名もなき飛行機・名もなき車

アメリカ人は実は第2次世界大戦前には、あんまり飛行機や自動車には名前をつける風習がなかったようだ。飛行機じゃ航空創成期いらいの名門メーカーのカーチス社が、戦闘機にはホーク、海軍の急降下爆撃機にはヘルダイバー（「地獄逆落とし者」と訳したいところだが、本当は海鳥のカイツブリのこと）なる名前を伝統的につけていたが、それはむしろ少数派で、軍用機はたとえばマーチンB-10爆撃機のように、メーカー名と機種番号だけで済ませていた。

自動車も第2次大戦前にはモデルの数が少なかったのか、ポピュラーなフォードだと1940年モデルでは「スタンダード」と「デラックス」という名前しかない。〝並〟と〝上（きも吸い付き）〟だな。終戦直後の1946年モデルには、スーパーデラックスと、サイドに木製パネルをあしらったスポーツマンが現れるが、まだモデル名はそんな漠然としたものでしかない。同じフォード社でもリンカーンは、1940年にはすでにゼファーやコンチネンタルといったモデル名をもっていた。さすがは高級車だ。

ちなみにフォードは前年の1945年夏からこの1946年モデルに切り替えたらしい。つまり日本の小国民が玉音放送に涙していたころ、アメリカのジミー坊ややキャロリン嬢ちゃんは、戦地から無事に帰ってきたダディの膝にちょこなんと乗って、ニューモデルのカタログを見ていたことになる。戦争を吹っかけた相手が悪かったたな、日本の場合は。

そんなアメリカの飛行機も、第2次大戦中にはいろんな名前をもらうことになる。P-38とかF6Fとかの機種番号、メーカー記号に加えて、ライトニングだの、ヘルキャットだの、フライングフォートレスだのアベンジャーだのという名前(いわば公式の愛称だが)がついたのだ。そういう勇ましい名前の飛行機が味方の軍隊にあると宣伝すれば、一般国民の戦意高揚のためにもなったんだろう。

その点じゃ日本も同じで、それまでは陸軍も海軍も九七式戦闘機とか九九式艦上爆撃機とか、制式採用になった年(皇紀)を名称にしてたのが、戦争に入ると「隼」や「雷電」などの愛称をつけるようになった。中には「銀河」や「天山」みたいな優雅な名前もあった。

黄金のロケットはウケたか?

名前のついた飛行機や戦車に乗っていた兵隊さんたちが復員してきたからだろうか、それとも戦争の後に好景気が来て、大衆がいろんな種類の車を欲しがるようになったからだろうか、アメリカの車も1950年前後から突然名前を持ち始める。それもデラックスとかスーパーとか車格を示す名前じゃなく、またスタイルラインやロードマスターというように、クルマのスタイルや性能を示唆する名前じゃなく、何らかのイメージをまとうような名前がつき始めるのだ。どうもこのあたりでアメリカ自動車界には何か変化があったんだろうが、そういう分析はアメリカ経済史や工業史の専門家の方々に委ねるしかないな。

たとえばシボレーにベルエアという名前が現れるのは1951年からだし、クライスラー社のデソートには同じ年にファイアドームなんていう、意味不明なネーミングが見られる。それからはもうフェアレーンやインパラや、有名なモデル名が次々に現れていって、おそらく自動車の名前のインフレーションが起こったのだろう、1950年代から60年代にかけて、ポンティアック・スーパーチーフだの次第に派手な名前が増えてくる。

ちょうどこのころはアメリカじゃジェット機時代に入ったところで、飛行機のスタイルもがらっと変わる。もちろん第2次大戦以来、飛行機にはほとんど必ず名前がつくようになってて、新時代の新性能を象徴するように、華々しい名前の飛行機が次々に出現した。空軍じゃロッキードF-94戦闘機がスターファイアと名乗ったし、海軍にはヴォートF7U戦闘機にカットラスなんていう名前がついた。

同じころ、アメリカの自動車も飛行機のイメージをまとっていた。テールフィンがピンと立ったり、テールランプがジェットエンジンの排気口に似てたりしていたころだ。

実はそれより少し以前、1947年に、ステュードベイカーのスターライト・クーペは、リアウィンドウがサイドまで回りこんだスタイルを採用して、1951年モデルまで持続させていた。これって飛行機の操縦席の雰囲気を模倣しているみたいに見える。さらにステュードベイカーは1950年モデルから、フロントグリルがクロームの円いものになって、これまたジェットエンジンの吸気口そっくりで、ここらへんがアメリカ自動車の〝飛行機化〟の初期の例だったんじゃないだろうか。

〝飛行機化〟はスタイルだけにとどまらず、名前にも現れてくる。ハドソンには1953年モデルか

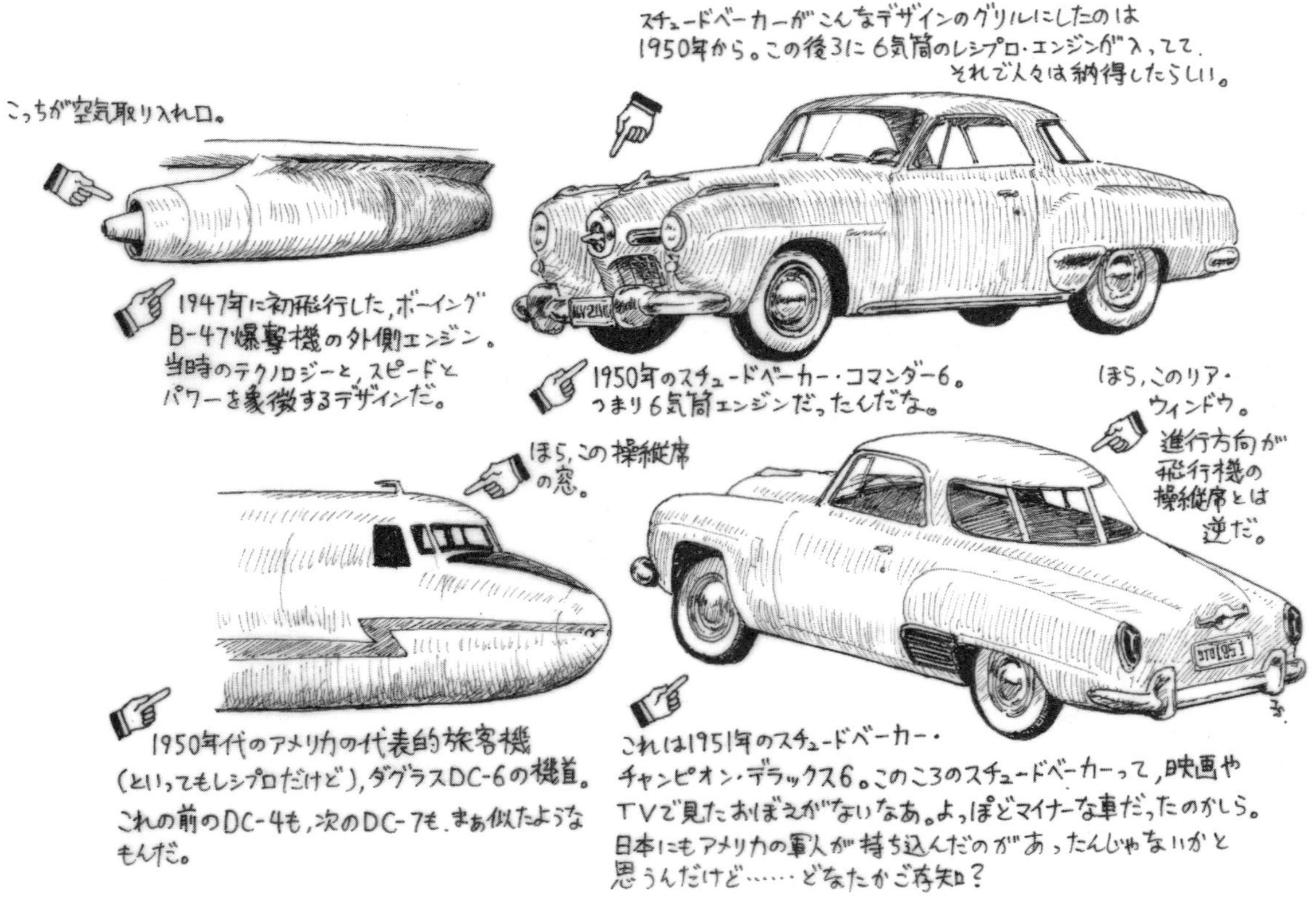
スチュードベーカーがこんなデザインのグリルにしたのは
1950年から。この後3に6気筒のレシプロ・エンジンが入ってて、
それで人々は納得したらしい。
こっちが空気取り入れ口。
1947年に初飛行した、ボーイング
B-47爆撃機の外側エンジン。
当時のテクノロジーと、スピードと
パワーを象徴するデザインだ。
1950年のスチュードベーカー・コマンダー6。
つまり6気筒エンジンだったんだな。
ほら、このリア・
ウィンドウ。
進行方向が
飛行機の
操縦席とは
逆だ。
ほら、この操縦席
の窓。
1950年代のアメリカの代表的旅客機
(といってもレシプロだけど)、ダグラスDC-6の機首。
これの前のDC-4も、次のDC-7も、まぁ似たようなもんだ。
これは1951年のスチュードベーカー・
チャンピオン・デラックス6。このころのスチュードベーカーって、映画や
TVで見たおぼえがないなあ。よっぽどマイナーな車だったのかしら。
日本にもアメリカの軍人が持ち込んだのがあったんじゃないかと
思うんだけど……どなたかご存知?

ら、その名もスーパージェットなんていう端的なクルマが出てくるし、1954年にはジェット、スーパージェット、ジェットライナーというモデル名が揃う。エンジンは3・3ℓの6気筒にすぎないから、ある意味で完全に不当表示ではあるんだがな。

クライスラー社のプリマスの1956年モデルにはフューリーがあった。これは海軍のノースアメリカンFJ‐2〜4戦闘機の名前だが、もちろん名詞としてはギリシャ神話の「怒り・憤怒の女神」。図像的には翼のある女性として描かれるんだから、まあ、速そうなクルマというイメージの名前としては無理もないかもしれない。

だけど1957年に現れたオールズモビルのスターファイア98というネーミングは、おそらくもっと積極的に飛行機を意識してたんじゃないだろうか。空軍のF‐94戦闘機と同じ名前だが、一般名詞としてはスターファイアってほとんど使わないだろう。もちろんカスタマーがスターファイアの名前で銀翼きらめく戦闘機を思い浮かべて、それでオールズモビルのディーラーに駆けつけるというわけでもないだろうが、ほぼ同じころにGMとアメリカ空軍が、スターファイアという名前には一般大衆に訴えかける力があると信じたことになる。もっとも、同じ年にゴールデンロケットなるモデル名もあるから、アメリカ人は「黄金のロケット」っていうクルマに乗りたがったりしたのかな。

ジェットの轟きは自由の音

でも、アメリカの車が飛行機の姿を真似するのは意外に早く終わって、1963年ごろには垂直尾翼のようなテールフィンはほとんどなくなり、テールランプのジェット排気口表現も抽象的なものになってくる。このあたりでアメリカの民間旅客機のジェット化が進んできているから、ひょっとすると一般大衆にとって、ジェット機はもはや現実的・日常的な乗り物になってきて、「せめてウチのクルマでジェット機の気分になりたい」とは思わなくなったのかもしれない。

それでもネーミングの方は相変わらず激化の一途をたどる。もう誰も、単なるデラックスだのカスタムだのの名前じゃ満足しなくなったんだろう。オールズモビルには1964年にジェットスター88という、これまた一種の不当表示モデルが現れるが、ジェットスターといえば、ロッキード社が1957年に作ったビジネス機の名前でもある。また1961年からのコンパクトカー、オールズF85には1963年にカットラスというモデル名が使われる。カットラスとは半月刀のことで、先に述べた海軍戦闘機と共通するネーミングだ。

そして極めつけは、第2次大戦の名戦闘機P-51と同じ名前を持つ、マスタングだ。1964年に登場したから、カスタマーがあの戦闘機のことを思い出すとは限らないが、息子や娘にマスタングをねだられた父親は、きっとP-51の爆音と勇姿を想像したんじゃないだろうか。アメリカのクルマって、飛行機のふりをするのはやめたけど、その後までずっと飛行機と同じかっこよさを追い求めたようだ。

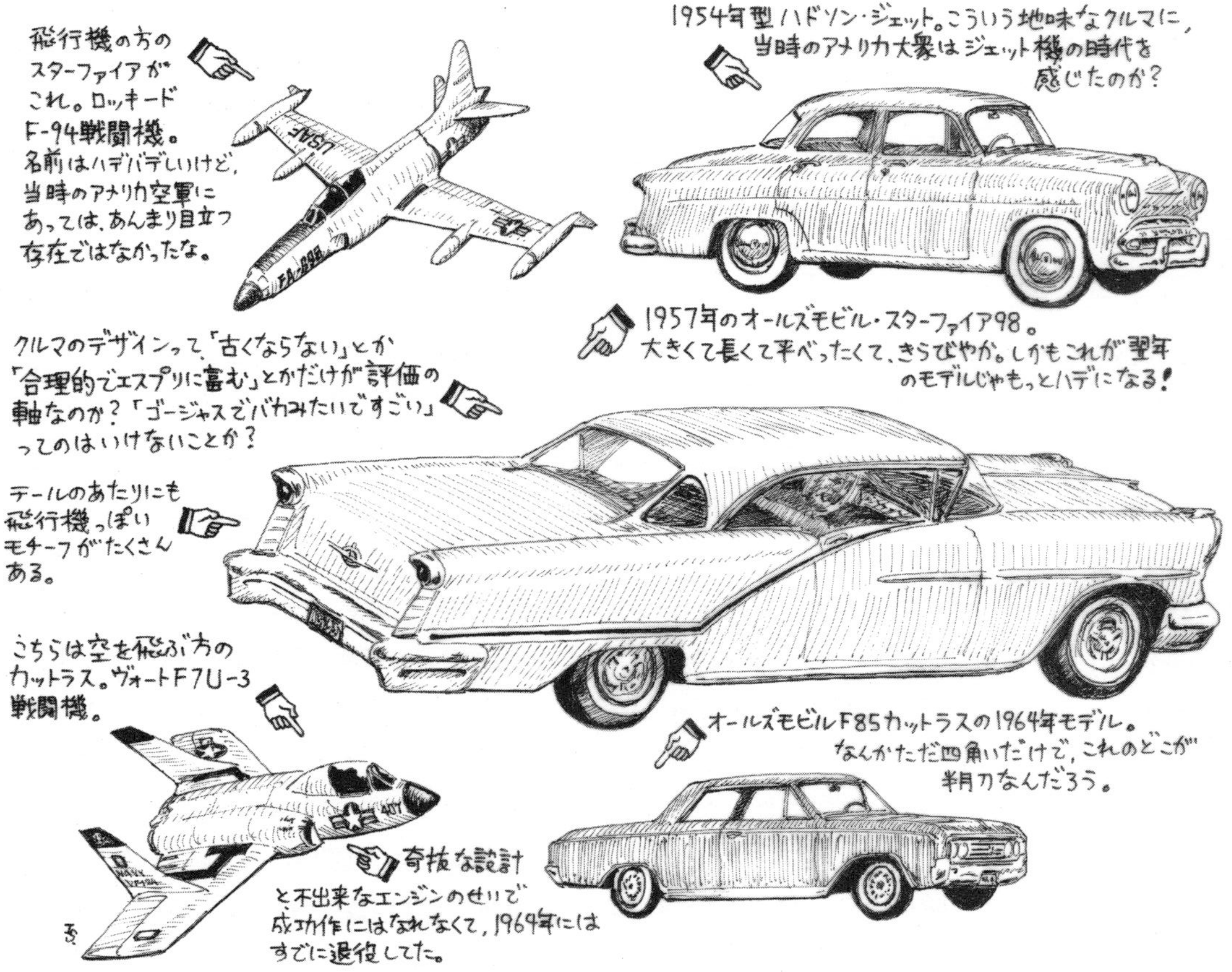
飛行機の方のスターファイアがこれ。ロッキードF-94戦闘機。名前はハデバデしいけど、当時のアメリカ空軍にあっては、あんまり目立つ存在ではなかったな。

1954年型ハドソン・ジェット。こういう地味なクルマに、当時のアメリカ大衆はジェット機の時代を感じたのか？

1957年のオールズモビル・スターファイア98。大きくて長くて平べったくて、きらびやか。しかもこれが翌年のモデルじゃもっとハデになる！

クルマのデザインって「古くならない」とか「合理的でエスプリに富む」とかだけが評価の軸なのか？「ゴージャスでバカみたいですごい」ってのはいけないことか？

テールのあたりにも飛行機っぽいモチーフがたくさんある。

こちらは空を飛ぶ方のカットラス。ヴォートF7U-3戦闘機。

奇抜な設計と不出来なエンジンのせいで成功作にはなれなくて、1969年にはすでに退役してた。

オールズモビルF85カットラスの1964年モデル。なんかただ四角いだけで、これのどこが判刀なんだろう。

USAF

第2章 第11話
早く醒めるか、見続けるものか
～空と大地のミドシップ

ミドシップ・ビーツ・キャブオーバー

いつのころからか、エンジンを真ん中につけるとクルマは速くなることになってるらしい。何が根拠でそういうことになったのか、たいていの人は憶えていないと思う。しかし、昔のスーパーカー・ブームのときに写真を撮っていた行儀の悪いガキだったヒトは、記憶をたどっていくと、〝初のミドシップスーパーカー〟、ランボルギーニ・ミウラに思い当たるだろう（やたらエンスーなヒトは、初のミドシップ市販車、ルネ・ボネ・ジェットに思い当たるだろう）。

あるいはもっと年寄りで、とくに脳の記憶中枢にブリティッシュ・レーシング・グリーンのしみができてるような人なら、昼飯を食べたかどうかはわからなくなってても、１９６０年のクーパー・クライマックスを覚えているだろう。ベンツ３００ＳＬを欲しがりながら、ついに手にすることなく世を去ったひいお祖父さんなら、夢枕に立って「アウトウニオンのＰヴァーゲン……」と謎の言葉をささやくかもしれない。

なんにせよ「ミドシップ」というだけで、クルマが速そうに感じるから不思議なものだ。たとえば、ホンダ・ビートの方がライフより、トヨタMR-Sの方がbBより、ホンダNSXの方がオデッセイより速い、と誰しも思うだろう。同様に、ポンティアック・フィエロの方がシボレー・コーベットより速い、か?

エンジンを真ん中に置くことのいいところは、つまり重い物が重心近くにあるから、慣性モーメント(って何だ?)が小さくなって、旋回性能が良くなることだ。いわゆる〝きびきびしたハンドリング〟ってやつだ。だからたった1600ccぐらいのミドシップ2シーターでも、ワインディング・ロードに入れば、排気量で何倍も勝る「いすゞ・タイタン」を追い詰めて、次のコーナーにさしかかったところで、うわぁッ、対向車!……あー、びっくりした。オーバーテイクのときに目をつぶる癖はやめてくれよな。

ヒコーキと同じ夢を見ていた

しかし古くは、ミドシップエンジンも、俊敏な操縦性ばかりを目指したわけではなかった。単にほかにエンジンの置き場所を思いつかなかったとか、あるいは構造上一番重さがかかっても大丈夫そうなところに、重いエンジンを置いただけだったりしたのだ。そもそもゴットリープ・ダイムラー氏とヴィルヘルム・マイバッハ氏が共同開発した世界最初のモーターサイクル「ニーデルラート」も、このふたりの作った最初の4輪車「モトールヴァーゲン」(そのものスバリの名前だね)も、エンジンは車体の中央部にあった。ミドシップレイアウトは、内燃エンジンつきクルマの、歴史の最初期から存在していたのだ。

早く醒めるか、見続けるものか

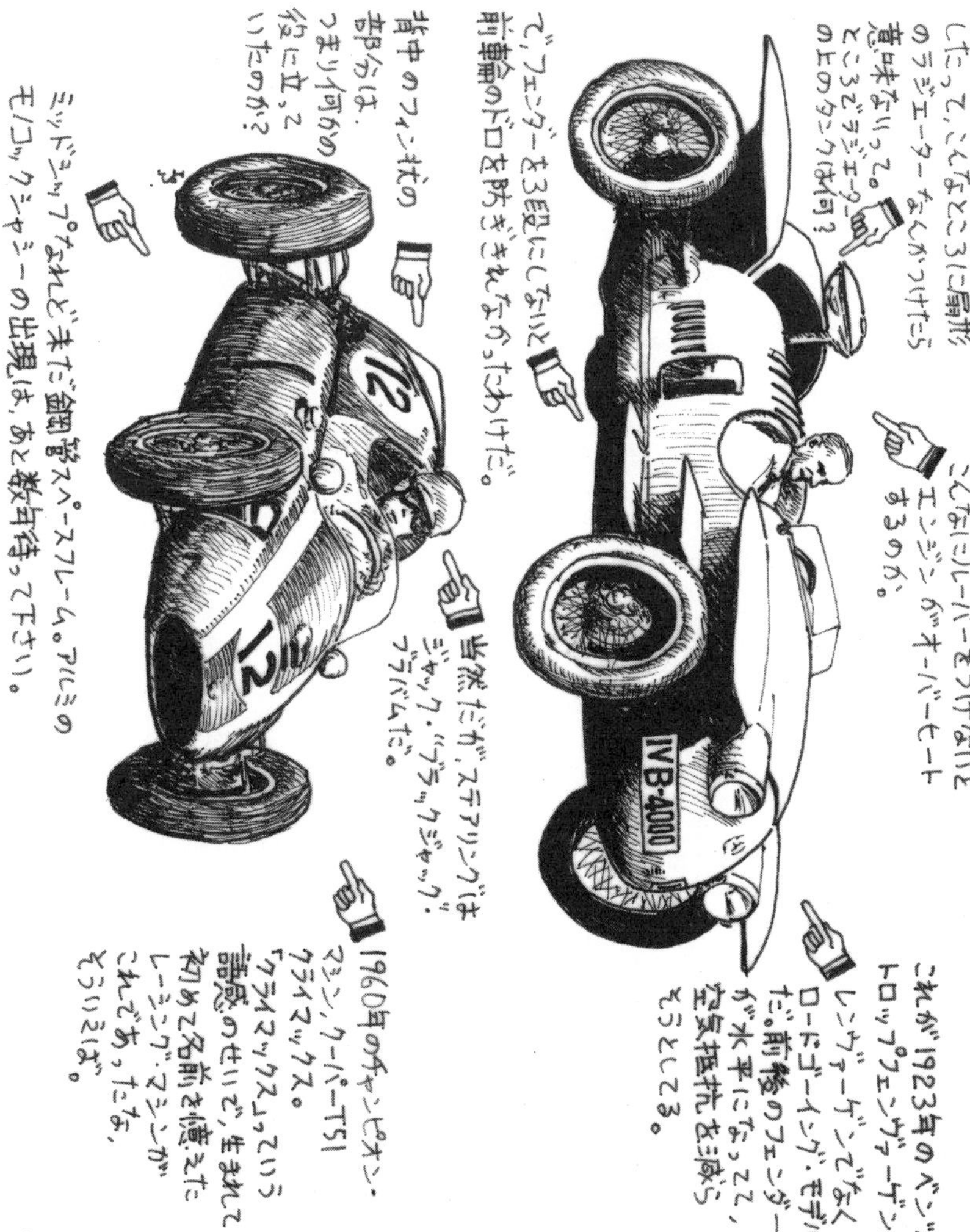
いくらボディを流線形にしたって、こんなところに扇形のラジエーターなんかつけたら意味ないって。ところでラジエーターの上のタンクは何？

こんなにルーバーをつけないとエンジンがオーバーヒートするのか。

IVB-4000
これが1923年のベンツ・トロップフェンヴァーゲン。レンヴァーゲンでなくてロードゴーイング・モデルだ。前輪のフェンダーが水平になってて、空気抵抗を減らそうとしてる。

で、フェンダーを3段にしないと前輪のドロを防ぎきれなかったわけだ。

背中のフィン状の部分は、つまり何かの役に立っていたのか？

12
当然だが、ステアリングはジャック・"ブラックジャック"・ブラバムだ。

1960年のチャンピオン・マシン、クーパーT51クライマックス。「クライマックス」っていう語感のせいで、生まれて初めて名前を憶えたレーシング・マシンがこれであったな、そういえば。

ミッドシップなれどまだ鋼管スペースフレーム。アルミのモノコック・シャシーの出現は、あと数年待って下さい。

それが整備性だとか冷却の問題とか、それに車体の中央にはエンジンよりもっと大事なもの、たとえば人間を乗せたくなってきて、いつのまにかエンジンは主に前の方に置かれるようになった。それでも時には例外的にミドシップのクルマが出現したりする。またベンツだけど、1920年代に「トロップフェン・レンヴァーゲン」、つまり「涙滴型競走自動車」と称するミドシップのクルマをつくっている。その名のとおりボディを涙滴型にして空気抵抗の軽減を狙ったものだ。

このクルマは、第1次大戦前から初期にかけてタウベ（鳩）というシリーズの飛行機をつくった流体力学の権威、エドムント・ルンプラー博士も手伝ったそうで、流線形の胴体はいかにも〝翼をなくした飛行機〟って感じだ。まだ自動車と飛行機が同じ夢を見ていたのだな。

空飛ぶミドシップ

飛行機だって、最初はエンジンを真ん中に置いていた。ライト兄弟の最初の飛行機、フライアーは主翼の上にぽんとエンジンを載せて、チェーン駆動で2つのプロペラをブン回していたから、いわばミドシップレイアウトだ。やっぱり機体の構造の中で一番安心できるところにエンジンを配置したかったのだ。

でもプロペラの効率を考えると、やっぱりエンジンは機体の前にある方がいいことになっていった。第1次大戦のころには、イギリスのヴィッカース・ガンバスのシリーズみたいに、機関銃を撃つときにプロペラが邪魔になるんで、わざわざミドシップにした飛行機もあったが、じきにプロペラ回転の合間をぬって機関銃を発射するカム仕掛けの同調装置ができて、すたれてしまった。

珍しい例外の一つとして、1933年にイギリスで試作されたウェストランドPV4っていう戦闘機がある。それまでの複葉機から脱却して新しい水準の性能を求めた計画で、エンジンをミドに置いて、延長軸、つまり長いシャフトで機首のプロペラを回す（本当のプロペラシャフトだァ！）設計だった。ところが性能は期待外れだったうえ、エンジンのロールズロイス・ゴスホークが、「蒸気冷却」なんていう常軌を逸した代物だったんで、単なる失敗作で終わった。

夢なんか見るからさ

こうして飛行機のミドシップレイアウトは一時すたれるんだけど、それが第2次大戦の前、単葉引込み脚の全金属製の機体が主流になったころに、戦闘機の分野で再び流行りかけた。せっかく脚や主翼の支柱なしで飛べて、空気抵抗が減らせるようになったんだから、もっと洗練された速い飛行機をつくりたくなったのだ。そのために目をつけられたのがミドシップだった。重いエンジンを機体の中央に置けば、操縦性が良くなるし、機首を細くして抵抗を減らせる。クルマのミドエンジンとほぼ同じ夢を見たわけだ。しかも戦闘機だと、エンジンのない機首に武装を集中できて、射撃精度を高めることができるっていう余得まである。

その代表例がアメリカのベルP-39エアコブラ戦闘機。アリソンV-1710液冷V12気筒エンジン（バンク角60度の28ℓV12、最高出力1150ps／3000rpm）を胴体の真ん中に置いて、コクピットの床下に2・4メートルの長い2分割シャフトを通し、その先の減速ギアを介してプロペラを回す配置だった。これで試作機はなかなかの性能だったが、量産機はスーパーチャージャーをやめたもんだ

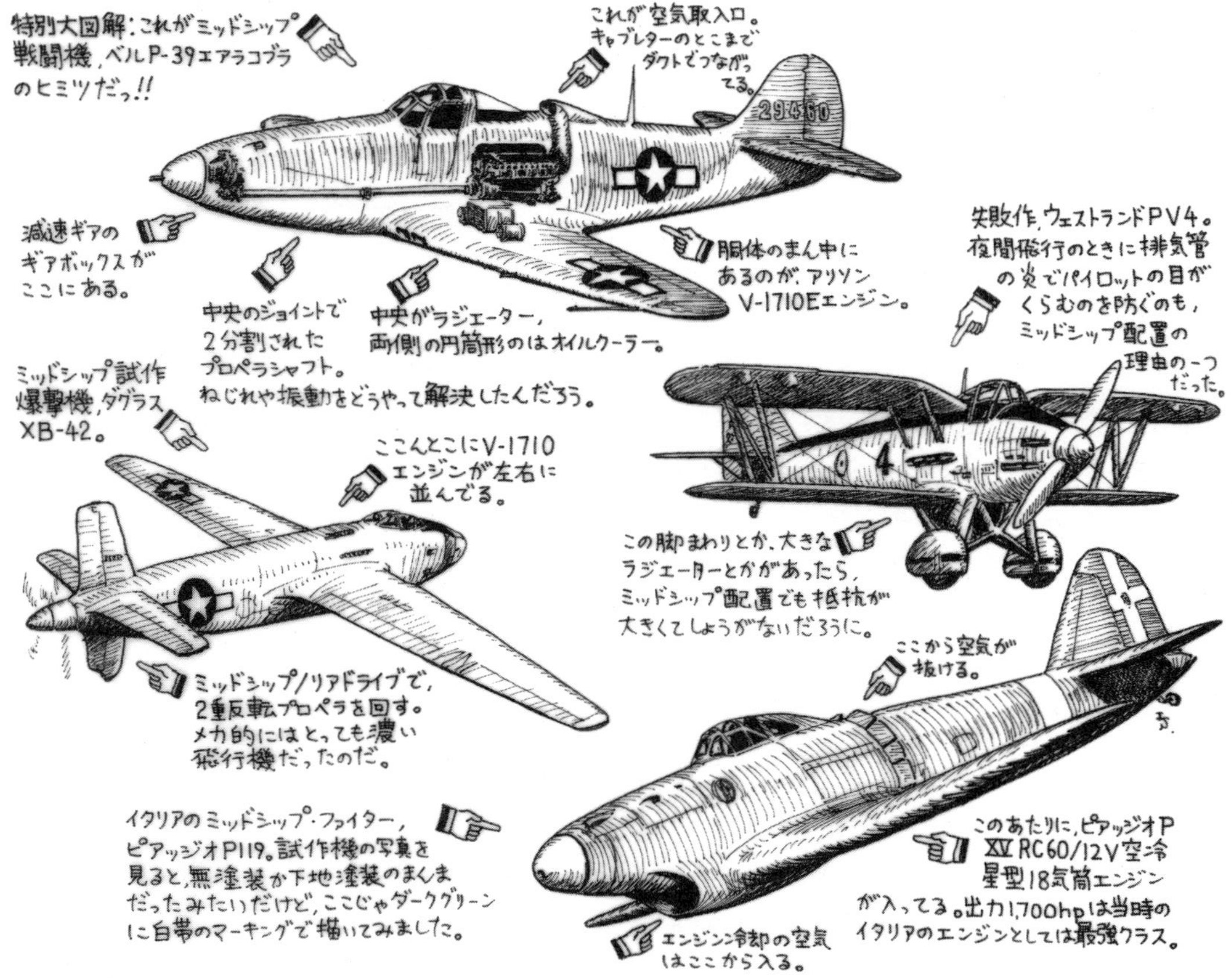
特別大図解:これがミッドシップ戦闘機,ベルP-39エアラコブラのヒミツだっ!!

これが空気取入口。キャブレターのとこまでダクトでつながってる。

減速ギアのギアボックスがここにある。

中央のジョイントで2分割されたプロペラシャフト。ねじれや振動をどうやって解決したんだろう。

中央がラジエーター,両側の円筒形のはオイルクーラー。

胴体のまん中にあるのが,アリソンV-1710Eエンジン。

失敗作,ウェストランドPV4。夜間飛行のときに排気管の炎でパイロットの目がくらむのを防ぐのも,ミッドシップ配置の理由の一つだった。

ミッドシップ試作爆撃機,ダグラスXB-42。

ここんとこにV-1710エンジンが左右に並んでる。

この脚まわりとか,大きなラジエーターとかがあったら,ミッドシップ配置でも抵抗が大きくてしょうがないだろうに。

ミッドシップ/リアドライブで,2重反転プロペラを回す。メカ的にはとっても濃い飛行機だったのだ。

ここから空気が抜ける。

イタリアのミッドシップ・ファイター,ピアッジオP119。試作機の写真を見ると,無塗装か下地塗装のまんまだったみたいだけど,ここじゃダークグリーンに白帯のマーキングで描いてみました。

このあたりに,ピアッジオP XV RC60/12V空冷星型18気筒エンジンが入ってる。出力1,700hpは当時のイタリアのエンジンとしては最強クラス。

エンジン冷却の空気はここから入る。

早く醒めるか、見続けるものか

から、高空に行くとエンジンが息切れして全然パワーが出ない。おかげで低空でしか取り柄がなくなって、太平洋戦線じゃ「ゼロ戦が現れたら、Ｐ‐39じゃ勝ち目がないから出撃するな」という命令まで出されたとか。操縦性の方は、「それなりに敏捷」と評するパイロットもいれば、「不安定で空中ででんぐり返る」という俗説もあり、毀誉褒貶相半ばしてる。

Ｐ‐39が細長いＶ型エンジンを積んだのに対して、胴体に太い空冷星型エンジンを埋め込んだミドシップマシンもあった。そんな面白いことをしたのは、イタリアのピアッジオＰ１１９試作戦闘機だ。なにしろ空冷エンジンだから、胴体の真ん中に入れてどうやって冷却するかが大きな問題だった。ホンダＲＡ３０２と同じだな。おかげで開発は難航、１９３８年から研究に着手して、試作機の初飛行が42年末。結局テスト中にイタリアが負けちゃって、それっきりになった。

その後、アメリカじゃＶ‐１７１０を２つ結合した双子エンジン、Ｖ‐３４２０を使ったミドシップ戦闘機、ジェネラルモーターズＰ‐75がつくられたが、性能が悪くて失敗。さらにＶ‐１７１０を２基胴体内に置いて尾部のプロペラを回す、ミドシップ・リアドライブ（？）のダグラスＸＢ‐42試作爆撃機もあった。主翼から邪魔なエンジンを追放して抵抗を軽減、航続距離を延ばそうという狙いだった。性能的には悪くなかったが、すぐにジェット時代が到来して、開発は中止された。

飛行機とクルマ、ミドシップエンジンという同じ夢を見ながら、飛行機じゃついにうまくいかなかった。それが潰えた第２次大戦後に、クルマの方じゃうまくいくようになったんだから、夢ってもんは早く醒めた方がいいんだろうか、それともいつまでも見続ける方がいいのだろうか。

飛行機は、90年たって自動車に追いついた

第⑫話

～エンジン？ちょっとだけヨ

消えるエンジン

消防車を英語にするとファイア・エンジンっていうくらい、自動車にはエンジンが付き物だ。当たり前だけど。じゃあ人は自動車を見て、エンジンを意識するだろうか。そりゃ『NAVI』の読者諸兄なら、道行く車を一目見ただけで、エンジンの気筒数とかバルブの数、最高出力や最大トルク、それにボア×ストロークまで思い出せるんだろう。

でも一般の人の場合だと、クルマのエンジンを気にしているとは限らない。若い女性がフォルクスワーゲンのビートルを動かそうとしたら、エンジンがかからない。そこで前のフードを開けると……、エンジンがない！

「大変、エンジンが盗まれてる！」

何とかならないかと思って、工具を探しに後ろのトランク（？）を開けると、「あら、さすがにドイツ製、ちゃんとスペアのエンジンが積んである」……っていうジョークがあるくらいだから、ほとんどの人はエンジンのことなんか忘れて、クルマに乗っているんだろう。

飛行機は、90年たって自動車に追いついた

外から見たって、今のクルマのデザインって、エンジンの存在を意識させないようになっている。もちろん普通のクルマなら、キャビンの前にエンジンが入ってるのがわかるけど、ワンボックス、たとえばトヨタ・エスティマ（初代のね）だのメルセデスベンツAクラスだののスタイリングには、「ここがエンジンですよー」っていう部分がない。

思えば、自動車のスタイリングの歴史はエンジンを隠す方向に進んできた、みたいだ。ごく初期にこそ、外からエンジンが見えるクルマがあったけど、すぐにボンネットの下にエンジンの姿は消えて、1940年代にはボンネットもボディ本体と一体化していく。今日のプリウスやヴィッツだと、「できればエンジンフードなんか、ない方がいいんだけど……」とでもいいたそうなスタイルだ。

逆にエンジンの存在を隠さないクルマを探すと、3ℓ時代のF1、とくにロータス49以降のDFV全盛期だ。あのころのF1って、モノコックの後ろはエンジン丸見えで、カムカバーの「FORD」の文字まで見せてる。タミヤの1／12「JPSロータス72」を作ったんだから嘘じゃない。

エンジンの存在を誇示する車といえば、たとえばアメリカのホットロッド、あるいはマッスルカーだ。フードにエアスクープやバルジやルーバーを付けて、ことさらにエンジンの大きさと〝ただ者じゃなさ〟を装ってる。ああいうのを誰も上出来なスタイルと呼ばないところを見ると、つまり近代のクルマのスタイルとしては、エンジンを見せびらかすのは下品（好きだけど）というか、アラレもないというか、はしたない姿なわけだ。

ヤードレイBRMのカラーリングって，スポンサード時代のF1の中でも屈指じゃないだろうか。あ，ちなみにこのドライバーはペドロ・ロドリゲス。ステッカーのないヘルメットが気貴いなあ。

P142っていうんだ。

本文じゃフォード・コスワースDFVのことを書いてたのに，絵はBRM製60°V12エンジンつきのBRM P153（1971年）になっちゃいました。エンジンが丸見えなだけじゃなくて，前後のサスペンションのコイル・スプリング／ダンパーまで見えてる。当時はこれが当り前だったのだ。デザインはトニー・サウスゲイトだったんですって。

飛行機は、90年たって自動車に追いついた

はしたなくっても大丈夫

ところが同じエンジンつきの乗り物でも、飛行機はエンジンを隠さなかった。ライト兄弟の「フライヤー」だと、エンジンは主翼の上にぽつねんと置いたまんま。まあ、胴体もコクピットもないんだけど。そんなわけで初期の飛行機だと、たまに酔狂でエンジンを覆おうとした例はあっても、たいていはエンジンが剥き出しになってる。

これは一つには飛行機のエンジンの場合、重量の問題から空冷が〝重用〟されて、シリンダーに風を当てる必要があったからだ。初期の飛行機は飛行速度が遅かったから、空気抵抗が多くったって、エンジンが冷える方が大事だったのだな。エンジンをカバーすれば、その分の重量だって増えるわけだし。

それに自動車の最初のカスタマーは、馬車をお持ちの紳士貴顕の方々だったから、エンジンから飛び散るオイルや冷却水なんぞで御召し物が汚れちゃかなわない。タペットやプッシュロッドの音もうるさくて、やっぱりエンジンは覆っちゃう方が具合がいい。

その点、飛行機はあくまで物好きが命懸けで乗るものだった。服が汚れようが、うるさかろうが、そんなもの飛行機乗りにとっちゃ何でもないどころか、かえって自慢だったりして。どうせ操縦に必死だから、エンジンの音で話ができなくても問題ない。飛行機だと人間側の事情からしても、エンジンを覆う必要があんまりなかったのだ。

空冷星型9気筒ブリストル・マーキュリーI(960hp)
エンジンの、シリンダーそれぞれを覆うのは
「ヘルメット・カウリング」。

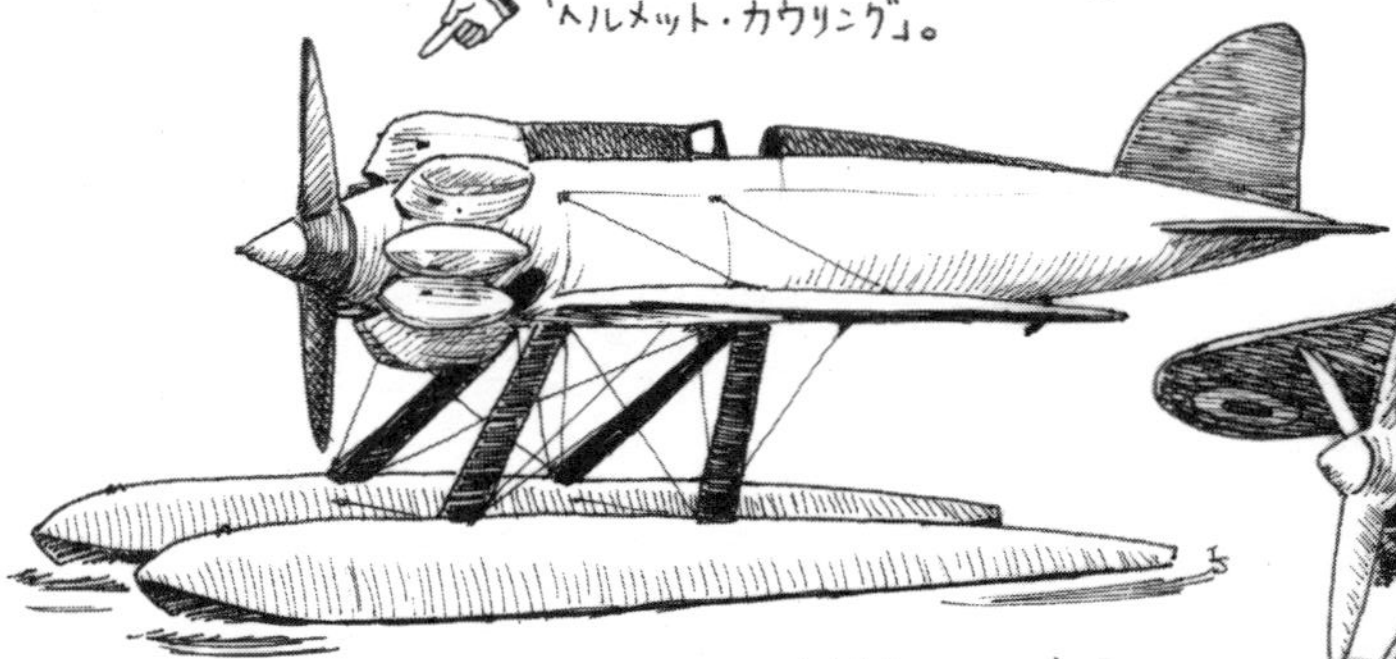

水上飛行機による速度競争、シュナイダー・トロフィー・コンテストの1927年大回に出場した、イギリスのショート・クルーセイダー。本番前の事前飛行中に事故って墜落してしまった。

エンジンはイギリス原設計の空冷星型
9気筒ノーム・ローン・ジュピター(550hp)
上側のシリンダー7つにだけ、後方に
フェアリングがついてる。

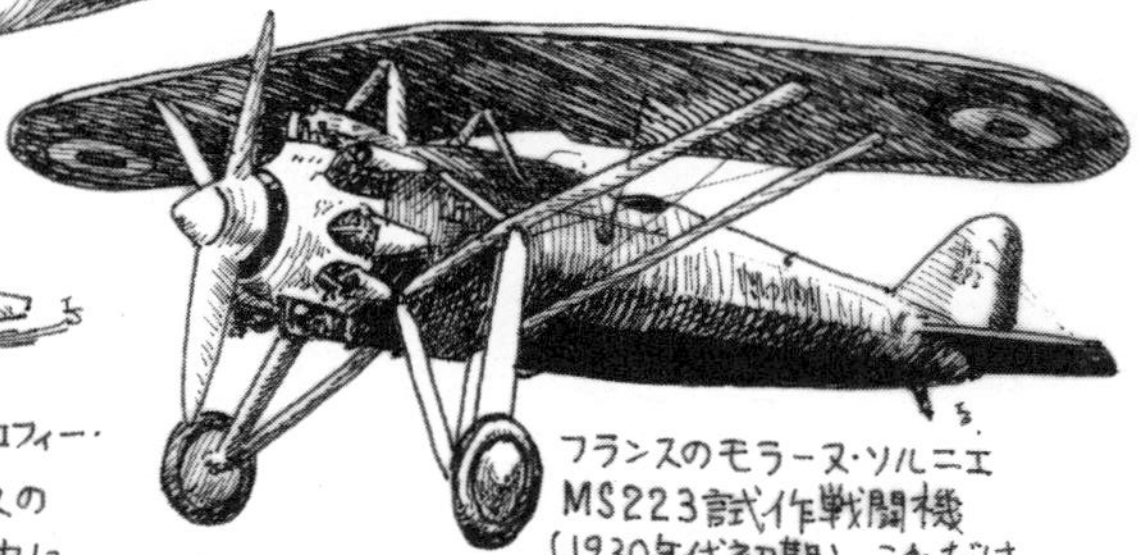

フランスのモラーヌ・ソルニエ
MS223試作戦闘機
(1930年代初期)。これだけ脚や主翼の支柱を立てて、エンジンまわりだけ抵抗を軽減しようったって、そりゃ意味ないって。

飛行機は、90年たって自動車に追いついた

やっぱり隠さなくちゃ

でも飛行機もじきにそうも言ってられなくなる。1920年代から30年代にかけて次第に高速化してくると、空気抵抗を減らすためにエンジンまわりを何とかする必要が出てきたのだ。液冷エンジンはまだいい。気筒配置がたいてい直列やV型だから、機首を細くしてやれる。問題はコンパクトで軽くて、しかもシリンダーに風が良く当たる空冷星型エンジンだ。直径の大きい星型エンジンじゃ機首を細くできないし、シリンダーは空気で冷やしてやらなくちゃならない。抵抗軽減を取るかオーバーヒートを取るか、だ。

だから1930年代のレーサーとか戦闘機を見ると、星型エンジンのシリンダーの前や後ろにフェアリングをつけたり、あるいはシリンダーをそれぞれ覆ってみたり、何とか抵抗を減らそうとして、いろいろ面白いことをやっている。でも間もなく、エンジンを円環で覆う「タウネンド・リング」ってものが考え出される。シリンダーまわりの乱れた空気とカバーの外のきれいな空気を分けて、シリンダーを冷やした空気の抜けを良くして、抵抗も減らそうという目論見だ。それをさらに深く追求して、第2次大戦のころの零戦やフォッケウルフFw190みたいなカウリングになる。

液冷エンジンだって、機首を細くするとどうしてもシリンダーヘッド部分がはみ出してくる。30年代の液冷エンジン装備機の機首も、シリンダーヘッドを覆うバルジがあったり、あるいはエンジンをそっくり包もうとしてオデコの張った機首になったり、こちらも多種多様な苦労の跡が見られる。

もちろん飛行機でもエンジンを隠そうとするデザインがなかったわけじゃない。大型機だと主翼にエンジンを埋め込んで、プロペラだけ突き出すなんていうのもあった。エンジンを隠す究極の方法の

1927年のアメリカ海軍カーチス
F6C-3ホーク戦闘機。
当時の液冷エンジン
装備機として、ティピカル
なものの一つ。

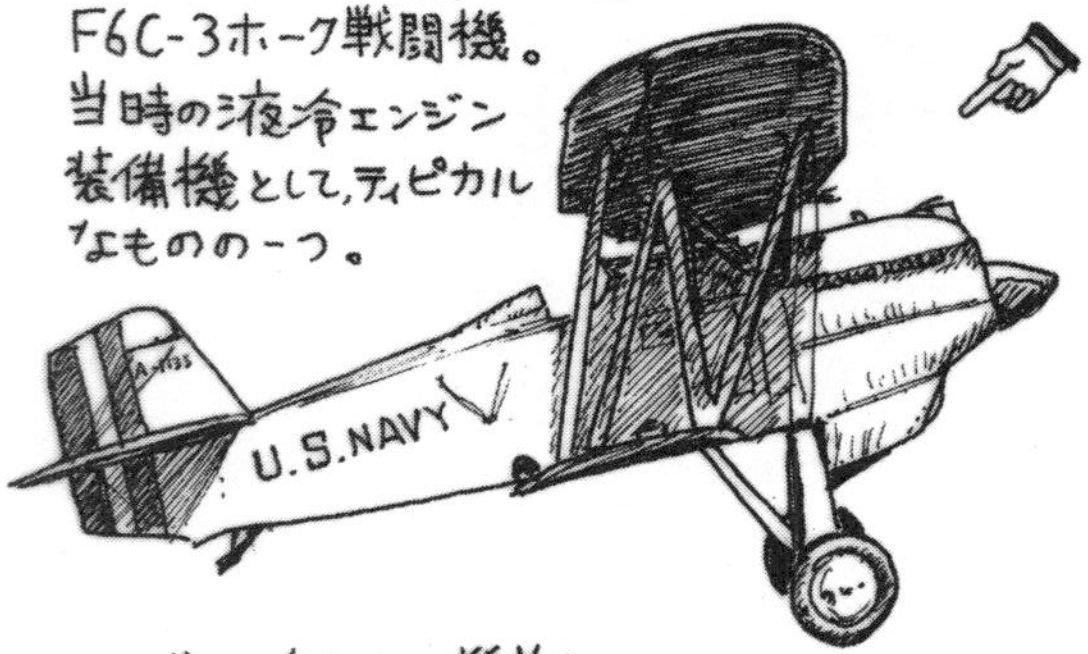

液冷V12気筒のカーチスD-12
エンジン。シリンダー・ヘッドを
そっくり包として、こんなオデコに
なりました。しかも機首の下
には大きなラジエーターが
あるから、せっかく液冷の
エンジンをつけても、あんまり
空気抵抗軽減になってない。

エンジンに合わせて機首を
ぎりぎり細くしたら、シリンダー・
ヘッドが収まらなくて、こんな
大きなバルジをつけました。
なんでこんなことになったかと
いいますと、そもそもスピットファイア
は27ℓ60°V型12気筒1,000hpの
ロールスロイス・マーリン・エンジンを装備
する機体として設計された。ところが、このXIV型
は、そこに36ℓ60°V型12気筒2,000hpのグリフォン
・エンジンを無理やり押し込んだのだった。軽量
小型の機体に大きなエンジン、って、まるで
シェルビー・コブラみたい！

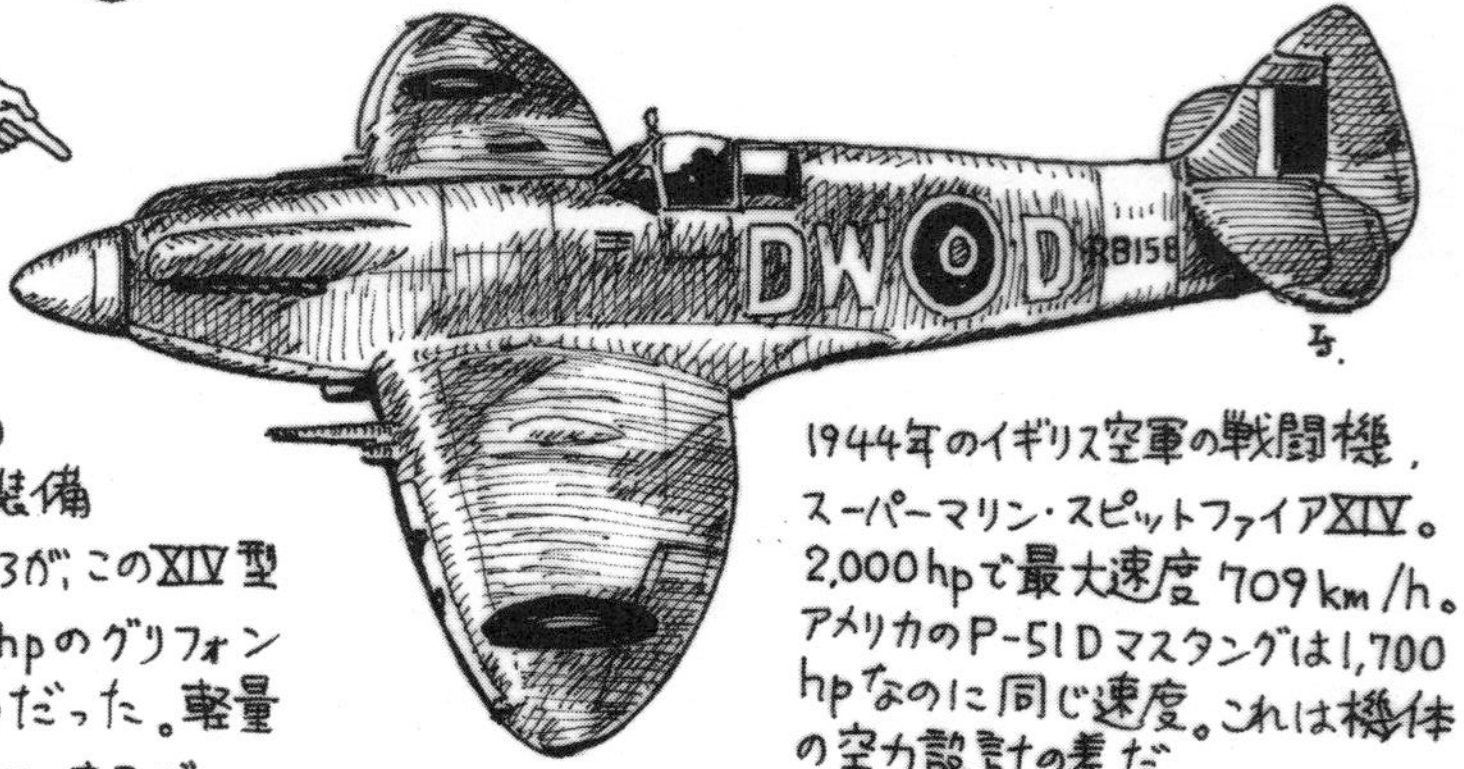

1944年のイギリス空軍の戦闘機、
スーパーマリン・スピットファイアXIV。
2,000hpで最大速度709km/h。
アメリカのP-51Dマスタングは1,700
hpなのに同じ速度。これは機体
の空力設計の差だ。

飛行機は、90年たって自動車に追いついた

一つが、胴体の中にエンジンを置いて、ながいシャフト（延長軸）でプロペラを回す方式だ。本当はエンジンを隠すためじゃなくて、機首を細くするのと、重いエンジンを重心近くに置いて運動性を良くするのが目的だったんだけど、延長軸の振動の問題もあって、主流にはならなかった。

能ある飛行機はエンジンを隠す

ジェット時代になっても、大きな空気取り入れ口と排気口で、エンジンは隠しようがない。まして や主翼からエンジンだけ吊り下げる方式だと、エンジンは否応なしに目立つ。おかげで1950年代後期のアメリカ車なんか、およそエンジンと関係ないテールのデザインに、このころのジェット機のエンジン部分のモチーフを採り入れたりしてる。クルマのくせに後退角のついた垂直尾翼なんかも生やしていたし、相当はしたないスタイルだったのだ（でも好き）。

そのジェット機も、ステルス機ロッキードF-117だと、レーダー反射を減らすために空気取り入れ口を隠そうとしてるし、排気口も赤外線放射を減らすために、細長いスリットになっていて、もちろんエンジンは多面体構成の胴体の奥深くに埋め込まれ、外から見たんじゃどこにあるかわからない。

最新のステルス機であるB-2爆撃機は、胴体もなければ尾翼もないブーメランのような全翼機で、エンジンは主翼上面にわずかに盛り上がった部分に収められて、ギザギザの空気取り入れ口と排気口が前後に開いているだけ。目で見ただけじゃなくて、レーダーや赤外線で見ても、エンジンは極力目立たないようになってる。今じゃ飛行機も、エンジンを目立たせるのははしたないことになったらしい。その部分じゃ、飛行機は90年たって自動車のスタイリングに追いついたんだな。

エンジンなんか見せちゃう！アメリカのホットロッドだと，例えばフォード・モデルAにクライスラーの「ヘミ」とかキャディラックとかのエンジンを載せて，おまけに4バレルのキャブレター2基をつけたりする。こうなるともうフードに収まりっこないから，エンジンはまる出しだ。もっとも，エンジンのチューンの出来映えや，手入れ具合を見せびらかす必要があるため，という理由もあるらしい。

♪Little Deuce Coupe♪

車で「デュース」といえば，1932年フォード・モデルA。飛行機だと1950年代のコンヴェアF-102Aデルタダート戦闘機のあだ名だ。

1961年フォード・サンダーバードの，このテールランプを見よ。これでピストン・エンジンで走ったら，そりゃ厚かましいだろう！ しかしまあ，考えてみたら，自動車が自動車以外のものに似ようとして，どこが悪い？

ちなみに「サンダーバーズ」といえば，アメリカ空軍曲技チームの名前。車で「Tバード」といえば，フォード・サンダーバードだけど，飛行機で「Tバード」といったら，ロッキードT-33ジェット練習機の非公式ニックネームだ。どうでもいいけど。

第2章 第13話 さては丸っこいクルマたちよ

~形態は機能に従う、のか?

円いクルマも切り様で四角

セザンヌがどこかで「自然は球、円錐、円柱として理解されるべきだ」というようなことを言っていたような気がする。自分で聞いたわけじゃないので定かでないが、たしかに飛行機の主翼の断面形は曲線でできてるし、クルマのタイヤも円いから、少なくとも人間のつくった乗り物も曲線によってカタチづくられているものと思ってもよさそうな気がする。

ところが振り返って見ると、クルマのカタチは曲線的だったことよりも、むしろ直線的だった方が多いようだ。自動車が発明された当時は、馬車にエンジンを取り付けたようなものだから、シャシーやボディワークには馬車の名残りがたくさんあって、そこに多くの曲線を見いだせた。でもそのうちにエンジン、それもたいてい直列4気筒の細長いものを車の前部に置くのが一般的になると、それを覆うボンネットなる箱型の部分が車のカタチの印象に大きな比重を占めるようになった。

それでも乗用車だとフェンダーがいろいろな曲線を描いて、ボンネットとキャビン部分の直線に対していろんなバランスをつくり出したものだが、フェンダーを取っ払ったレーシングマシンや速度記録車になると、円いのはタイヤとステアリングホイールだけみたいなスタイルになったりする。

それでもブガッティの馬蹄型グリルのように正面形では曲線的なモチーフもないわけではなかったが、ボディワークの本体は直線的なものだった。それがボディ自身も曲線的になってきたのは、流線形が流行りだした１９３０年代のことだろう。アメリカでは１９３４年に流線形ボディで名高いクライスラー・エアフローが発売された。続く40年代にはボディとフェンダーが一体になったクルマがポツポツと現われるようになり、49年型フォードの大ヒットをもってクルマは全体が曲線に包まれるようになったのだ。

ヨーロッパでも大戦間の１９３０年代に、フランスの奔放かつ退廃的なコーチビルダーの手で、〝フラムボワイアント（火炎派）〟と呼ばれる燃え上がらんばかりにすさまじく曲線的なボディワークが数多く現われた。一般市販車でも、30年代末のプジョーなんかは奇妙な曲線的ボディをまとっていた。そうそう、名高きシトロエン２ＣＶも初登場は36年だ。

安易な直線

飛行機も最初のころは曲線的なのは翼の断面形だけ、という時代が長く続いた。それでも設計者は垂直尾翼の形を円くして、部分的には曲線を用いたりもしていた。第1次大戦のころの飛行機も、空冷星型エンジン装備機は機首が円かったが、あとは主翼も胴体も直線的な形だった。例外的に胴体に木製モノコック構造を採用したドイツのアルバトロス戦闘機が曲線的な姿だったが、なにしろ木製骨組みに羽布ばりという構造だから、工作上は直線の方が作りやすくて便利だったのだ。

さては丸っこいクルマたちよ

第1次大戦後には骨組みも金属にする飛行機が増えて、少しは工作に手間をかける余裕もでてきて、胴体が円形断面になってきたりもしたのだが、1920年代の旅客機とか金属外皮の飛行機だと、曲面にプレスするのが難しいのか、四角い飛行機が多かった。

それもやはり1930年代に入ると、次第にモノコック構造が用いられるようになったし、それに飛行機の性能が向上してなるべく空気抵抗の少ない外形が求められたこともあって、曲線的な姿の飛行機が増えてきた。とくに30年代には主翼が金属で作れるのを良いことに、主翼の平面形に理論上は抵抗が少ないとされる楕円翼を採用する飛行機も現れるようになった。代表的な例がイギリスのスーパーマリン・スピットファイアだ。

また旅客機でも飛行高度を高くするには客室を与圧することが必要になった。外気よりも胴体内の気圧を高くすると、胴体はその圧力に耐えられる形、つまり円筒形にしなくちゃならないので、アメリカのボーイング・モデル307旅客機なんかは、胴体が見事な葉巻型になった。ただしこの技術は後にB‐29爆撃機へと発展して、日本の戦闘機が上昇できないような高高度から爆弾の雨を降らすことになる。なるほどテクノロジーというものは善悪とは無関係な進歩の仕方をしてきたのだな、少なくとも20世紀においては。

ゲッティング・スクエア

そして自動車のスタイリングもしばしば合理性や審美性とも無関係な発展を遂げる。1940年代に丸くなったクルマは、50年代には平べったく長くなり、アメリカではなぜか垂直尾翼を生やす。当時の飛行機はジェット機の時代に入って、速さや高度な技術の象徴のような存在だったから、クルマもそのイメージを拝借したのだ。もちろんボディの後ろにそりたつ〝尾翼〟がクルマの操縦性や高速安定性に影響するわけがないから、単なる格好だけ。

さすがのアメリカ人もあまりの無意味さにすぐに尾翼に飽きたらしく、1960年代の初めにはほとんどのアメリカ車から尾翼は姿を消す。代わってクルマは何かシャープで堅固なイメージが欲しくなったのか、平べったく長いのは以前と同じだが、今度は四角くなった。丸かったクルマが再び直線的な形になってきたのだ。

ヨーロッパでも1960年代には大衆車は直線的な形が多くなる。もちろんピニンファリーナやザガートといったカロッツェリアのつくるスポーツカーは、流れるような速さを主張してそれは美しい曲線的なスタイルを誇っていた。そこにかのマルチェロ・ガンディーニが、ランチア・ストラトスなる驚異のウェッジボディをつくったもんだから、スポーツカーまで直線的になってくる。その代表がランボルギーニ・カウンタックなんだろうな。

飛行機もジェット時代に入ると、1950年代までは曲線的な形も散見されたのだが、戦闘機のスピードが音速を越えて、さらにマッハ2や3に届くころには、なにしろ音の壁を突き破るくらいだから、そのスタイルも鋭く直線的になった。かつて〝世界最速〟の名をほしいままにしたソ連のミグMiG-25フォックスバットなんか、アウトラインは直線ばっかりだ。そういえば1972年か73年のカーグラフィックで、ロータス72の写真のキャプションに「MiG-23（注・当時は西側ではそういう設計番号だと信じられていた）フォックスバットに似た直線的な美しさがある」なんて書いてあったっけ。

さては丸っこいクルマたちよ

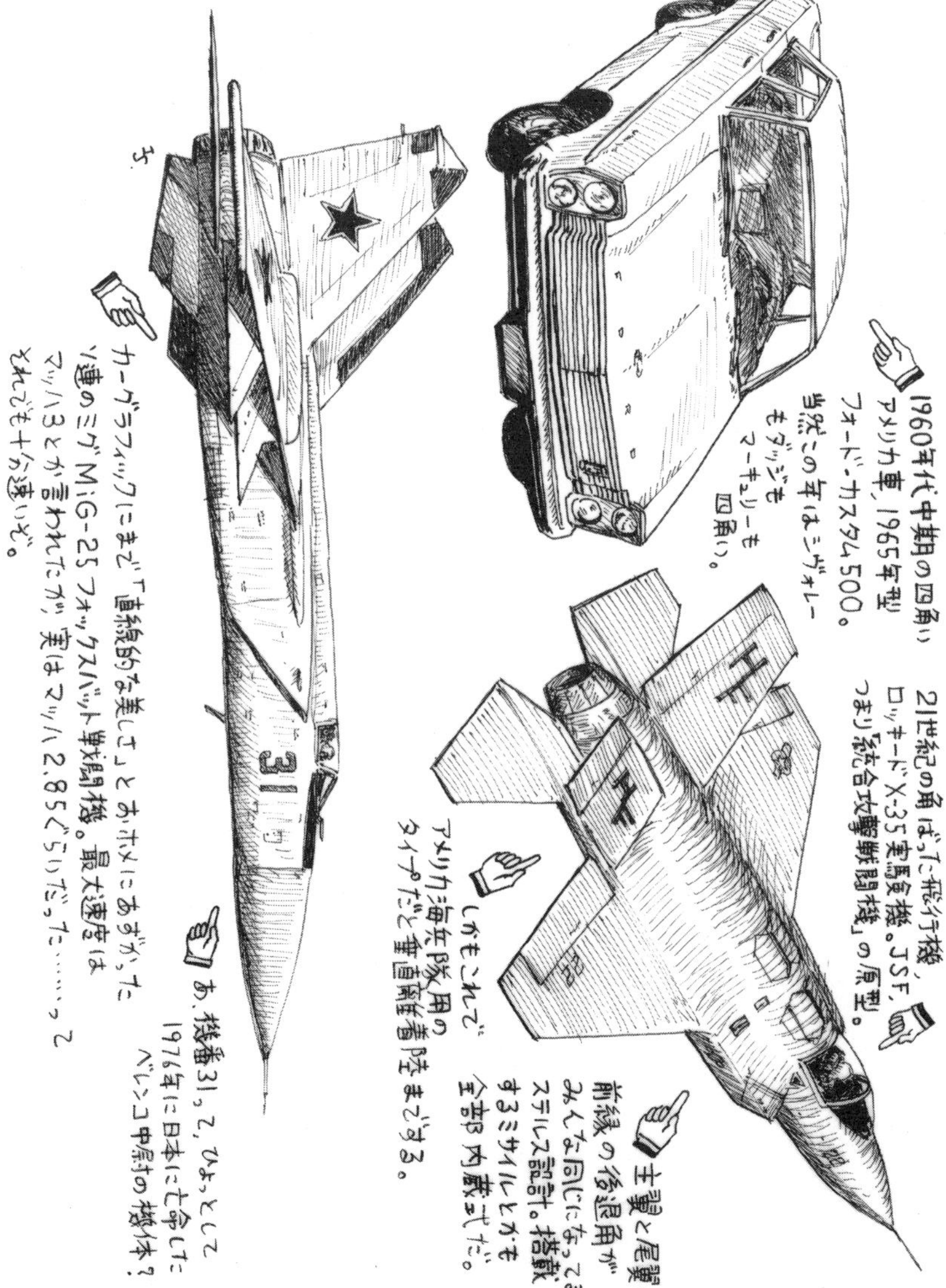
1960年代中期の四角いアメリカ車、1965年型フォード・カスタム500。

当然この年はシヴォレーもダッジもマーキュリーも四角い。

21世紀の角ばった飛行機、ロッキードX-35実験機。JSF、つまり「統合攻撃戦闘機」の原型。

主翼と尾翼の前縁の後退角がみんな同じになってるステルス設計。搭載するミサイルとかも全部内蔵式だ。

しかもこれでアメリカ海兵隊用のタイプだと垂直離着陸までする。

あ、機番31って、ひょっとして1976年に日本に亡命したベレンコ中尉の機体？

カーグラフィックにまで「直線的な美しさ」とおホメにあずかった ソ連のミグMiG-25フォックスバット戦闘機。最大速度はマッハ3とか言われたが、実はマッハ2.85ぐらいだった……って それでも十分速いぞ。

角が取れたり角が立ったり

四角いクルマがまたもや丸くなり始めたのはいつからだろうか。1970年代末には早くもモーターショーのコンセプトモデルに曲線的なデザインが現れていたような気もするが、少なくとも80年代のフォードのトーラスは、結構新鮮な印象だった。それが今ではSUVまで角が丸いし、フォルクスワーゲンのニュービートルまでいかにも今のデザインの顔をして走り回ってる。空気抵抗が少ないつもりなのか、それとも容積を少ない表面積で包みこもうとすると球に近づくということなのか、道行くクルマがみな丸い今日このごろだ。

これまで自動車と妙に調子を合わせて直線的だったり曲線的だったりした飛行機の方はというと、少なくとも軍用機ではまた直線的になりそうだ。それというのも〝ステルス〟性の要求があるからだ。レーダーに映りにくくするには、機体から反射するレーダー電波を、受信するアンテナとは別の方向に向けてやるといい。そこで元祖ステルスのロッキードF-117のように機体の外形が全部平面でできてる飛行機が現れたのだ。しかも各面の辺、つまり機体外形のエッジがなるべく同じ角度に作ってある。

F-117のステルス技術はいわば〝入門編〟で、現在はもっと新しいアイデアも生まれつつあるらしいが、次期戦闘攻撃機に選ばれたX-35もやっぱり直線的なスタイルだ。

さあ、丸っこいクルマたちよ、次にはまた飛行機の真似をして、全部直線と平面のデザインになってみる気はあるかね？

ほとんどまるいところのないクルマ。1907年にディエップ（ベルギーの町だな）のグランプリに優勝したフィアット。ドライバーはフェリーチェ・ナッツァーロ。

1937年に初飛行した、イギリスの旅客機、デハヴィランドDH91アルバトロス。このG-AEDLの機名は「フィンガル」。

木製で、当時としてはとんでもなく流麗なスタイル（とくにイギリスでは）だった。

そしてこちらは四角い飛行機。1930年のフランスの旅客機、ウィボー・ペノエ283T-12。16機が作られて、このF-AMYEはエール・フランスの「ラントリガン」。

妙に丸っこい、1939年型のプジョー402Bレジェ。Bはベルリナーということらしい。ちなみにヘッドライト2灯はフロントグリルの中にある。

第2章

第14話

前向きか、後ろ向きかの問題

～進行方向とは限らない

操縦者以外はどっちを……

人間が最初に乗った乗り物は何だったのだろうか。丸木にまたがって水の上を泳いだのか、それとも馬か牛にでも乗ってみたのか、いずれにしても前を向いて乗ったことだけは確かだろう。落語の「粗忽《そこつ》の使者」だと「この馬、首がないではないか!」「いえ、それは後ろ向きでございます」というギャグがあるのだが（その前には「この馬、乗ってみると足が地面に着くぞ」「殿、それは犬にございます」というのがある）、馬からクルマ、戦闘機、スペースシャトルに至るまで、少なくとも乗り物の操縦者は前向きに乗ることになっている。

もちろん、人間の目は前についていて、乗り物の操縦にあたっては進行方向の情報を視覚的に確保しなくてはならないから、前向きに乗るのが合理的だ。クルマで操縦者が後ろ向きに乗るのは、イギリスの21世紀プロのＴＶ特撮シリーズ「キャプテン・スカーレット」に出てきたスペクトラムの「追跡戦闘車」ぐらいのものだ。この追跡戦闘車には窓が一切なくて、コクピットの乗員はＴＶモニターで外界の状況を見ながら操縦する。子供のときは一応納得したが、今考えてみると、体感する加速度の方向と視覚的な加速・減速の感覚をどうやって折り合いつけるんだろう。

しかし、操縦者以外は別にどっちを向いていてもいいはずなのに、たいていの乗り物の客席も前向きになっている。ただしなかには、都市の電車やバスみたいに、進行方向と垂直なロングシートが採用されている例もある。立ち乗りのスペースを確保するのと、乗客の乗り降りを迅速にするためなんだろう。

飛行機でもロッキードC-130輸送機はロングシートになってる。胴体内の中央に背中合わせに2列、壁面に2列の布はりの折りたたみロングシートがあって、合計4列で最大92名の兵員を乗せるのだ。兵隊が急いで降りられるように、とくに空挺部隊を運ぶときには、乗ってる兵隊が一斉に降下準備するのにロングシートの方が具合が良いわけだ。それになにしろ、貨物の輸送にも使うんで、座席が簡単に折りたためる方が良い。

富士見西行、後ろ向き

ところが、同じ軍用輸送機でも、世界最大級のロッキードC-5ギャラクシーだと、太い胴体の上の方、2階部分にちゃんと75人分の客室が設けられてて、こちらの座席は後ろ向きになってる。いくら大きくても軍用輸送機、場合によっては狭い滑走路に着陸、急減速しなくちゃならない。そんなときは人間の体でも背骨のある背中側にGがかかった方が、お腹側のバラ肉で内臓にかかるGを受け止めるよりも、一般的に健康に良いんだそうだ。

クルマで後ろ向きに乗ることは滅多にあることじゃない。リムジンのなかには中間の座席が後ろ向

こちらの淑女がマダム・ルヴァッソール。どうもあまり機嫌の良くなさそうな表情に見える。ひょっとすると、『クルマっていうと、相談なしに勝手にお金使っちゃうんだから！』って、アレか？

エンジンはここにあるから「ミッドシップ4シーター」ってことになる……のか？

こちらはムッシュー・パナール。やはりオープンカーにはカサは欠かせませんな。

クルマの歴史の中には、やっぱり乗客が後ろ向きに乗るものもあった。フランスのパナールとルヴァッソールが最初に作ったのがそれだ。元ネタの本のキャプションによると、ステアリングを握る紳士が当のルヴァッソールその人だそうだ。

ブレーキはこんなもんだから、『いささか頼りなく、しかも唐突に効く』っていう具合だったんじゃないだろうか。ブレーキングのたびに毎度ツンのめらないよう、乗客は後ろ向きに座ったのかもしれない。加速の方は鋭くはなかったろうな。

2名の乗員（しばしばキャプテン・スカーレットとキャプテン・ブルー）はこのあたりにこんな風に座る。設定によると、SPVは相手に高速で体当たりすることが想定されてるんで、後ろ向き座席になってるんだそうだ。

外部モニターのカメラはたしかここだったような……。

1966年、イギリスのゲリー・アンダーソンが制作したSF特撮（人形を使って『スーパー・マリオネーション』という）TVシリーズ「キャプテン・スカーレット」に出て来た『スペクトラム追跡戦闘車（Spectrum Pursuit Vehicle）』。

大型の主輪6コの間に小型の補助輪4コを配した変則10輪（全てダブル）。前の4輪がステアする……んだそうだ。

不整地の急勾配のためのキャタピラ。

第2章 第14話

前向きか、後ろ向きかの問題

きになってるものもあるらしいが、そこに座るのはアメリカ映画で見る限りじゃ、たいてい用心棒かシークレットサービス。後席のVIPは前向きに乗って、マティーニかなんかを飲むことになってる。

最近のワンボックスカーだと、7人乗せなくちゃならない場合、2人分ぐらいの座席は最後部に後ろ向きになるのもあるそうな。そこに乗った人の話だと、後ろ向きに流れ去る景色もさることながら、操縦者や他の乗客とまったく違う方向を見ていることで、同じ車内にいながら別個の空間に属している気分だそうだ。

昔の飛行機だと、パイロットの後ろでは後方銃手が後ろ向きに機関銃を構えていても、共通の敵に立ち向かうチームとしての一体感や連帯感があったんだろうけど、クルマで操縦者と同乗者が違う方向を見てると、これは意識の上では相当な乖離があるんじゃないだろうか。試しに助手席の彼女が後ろ向きになってるところを想像してみるといい。会話がはずむぞ。そういえば昔、大学でフランス人の先生に教わった格言で、「結婚とは互いを見つめることではなく、二人が同じ方向を見ることだ」というのがあったっけ。

で、愛を育むには二人で前を向いていた方がいいのだろうが、先に述べた通り、実は安全性を考えたら後ろ向きの方がいい。普通、乗り物は、加速は操縦者の意志で操作できるものだが、減速となると場合によっては操縦者の意志を離れて行われることもある。それもしばしば急激な減速という形で。衝突とか不時着がそれだ。その減速時の大Gを背中側で受けようという考え方だ。キャプテン・スカーレットの追跡戦闘車の後ろ向き座席も、安全性の配慮という理屈だったような記憶がある。

かつてアメリカのNASAが旅客機の安全性の研究を行ったときも、客席を後ろ向きにしてはどうかという提言があった。旅客機だと加速や減速もゆるやかだから、体感加速度の方向もあんまり気にならないだろうし、どうせ中央の座席に座れば外が見えるわけでもなし、確かに後ろ向き座席でも不都合はなさそうだ。東海道新幹線ができたとき、外国の航空エンジニアが「時速200キロで走るのに、客席が前向きで、しかも安全ベルトもないとは信じられん!」といったそうだが、幸いなことに新幹線で前向き客席が問題になる事態は今まで起こってない。

甲板と魂から離れる

後ろ向き座席の乗り心地を実感させられたのは、空母インディペンデンスにTVニュースの取材で行ったときだ。沖縄の嘉手納基地から双発ターボプロップのC-2グレイハウンド艦上輸送機に積まれて、東シナ海を行動中のインディペンデンスへと飛んでいった。

そもそも洋上行動中の空母に、予備部品などの急ぎの補給物資や郵便物を運ぶのが目的の飛行機で、人員輸送はついでの任務だから、内装はスパルタンなんていうもんじゃない。内壁はなくて銀色のパッケージ状態の防音材がむきだしで、窓はほとんどない。あっても小さい上に着座位置から高すぎるうえに、汚れてて外はほとんど見えない。そこに後ろ向きに座るのだ。しかも飛行高度が低いから揺れるし、空母に近づくと、着艦進入のために動くわ動くわ。よっぽど空母と飛行機の好きな人間じゃないと、かなりの確率で酔うぞ。空母の甲板は狭いから、艦上機は落としこむように着艦して、尾部のフックで甲板のワイヤをひっかけて減速しなくちゃならない。着艦速度が200㎞/hぐらいで、それを数秒で停止させるのだ。

「着艦とはコントロールされた墜落である」なんていう言葉が記憶にあったもんだから、相当なこと

第2章 第14話

前向きか、後ろ向きかの問題

になると覚悟していたのだが、着艦の衝撃があった次の瞬間にはもう停止していた。減速のGはすごいんだろうが持続時間が短いのが救いになっているんだろうな。ジャンボジェットの着陸後のだらだらした減速の方が、よっぽど強い減速感がある。

着艦より意外なのはカタパルト発進。発進位置について後ろ向きに座ってると、搭乗員が「私が合図したら両手で肩を抱いて、顎を引くように」と教えてくれた。プロペラの音が高まって、いよいよ搭乗員の合図で指定の姿勢をとったはいいが、すぐさま発進と思っていたのに半拍の間があった。「あれ？」と気を抜いた瞬間にドンときた。長さ70m足らずのカタパルトで重い機体に離艦できるだけの速度を与えるんだから、加速度たるや圧倒的。たぶんスカGよりすごい。

そのGが背中ではなくて腹側にかかるのが奇妙な感覚なのだが、それより不思議だったのは、不意を突かれたせいか加速のせいか、自分の意識より体の方が先に行ってしまう感覚があったことだ。目の前1フィート後のあたりに魂があって、それが慌てて体に追いつこうとしてる感じだ。しかし幽体離脱は数秒しか続かなくて、飛行機が空母の甲板を離れると魂が体に音もなく戻ってきた。

おそらく前向きに座って背中側で加速を受けたのでは、魂は体にめりこむばかりだろう。地上でこの幽体離脱を味わってみたいなら、コブラ427に後ろ向きに乗ってみてはどうだろう？

これが数少い後向き座席飛行機の一例，
グラマンC-2Aグレイハウンド艦上輸送機。
アメリカ海軍じゃ艦上輸送機のことを
COD；Carrier On-board Delivery
と呼ぶ。Deliveryっていうところから
して，クルマでいえば宅配便
のバンみたいな存在で，
つまりは乗り心地を求め
ちゃいけないシロモノなの
であろう。

背中に2カ所ある四角いハッチが脱出口。
乗員から非常時の説明を聞かされた
ときには，かなりアンタンとした
気分になった。

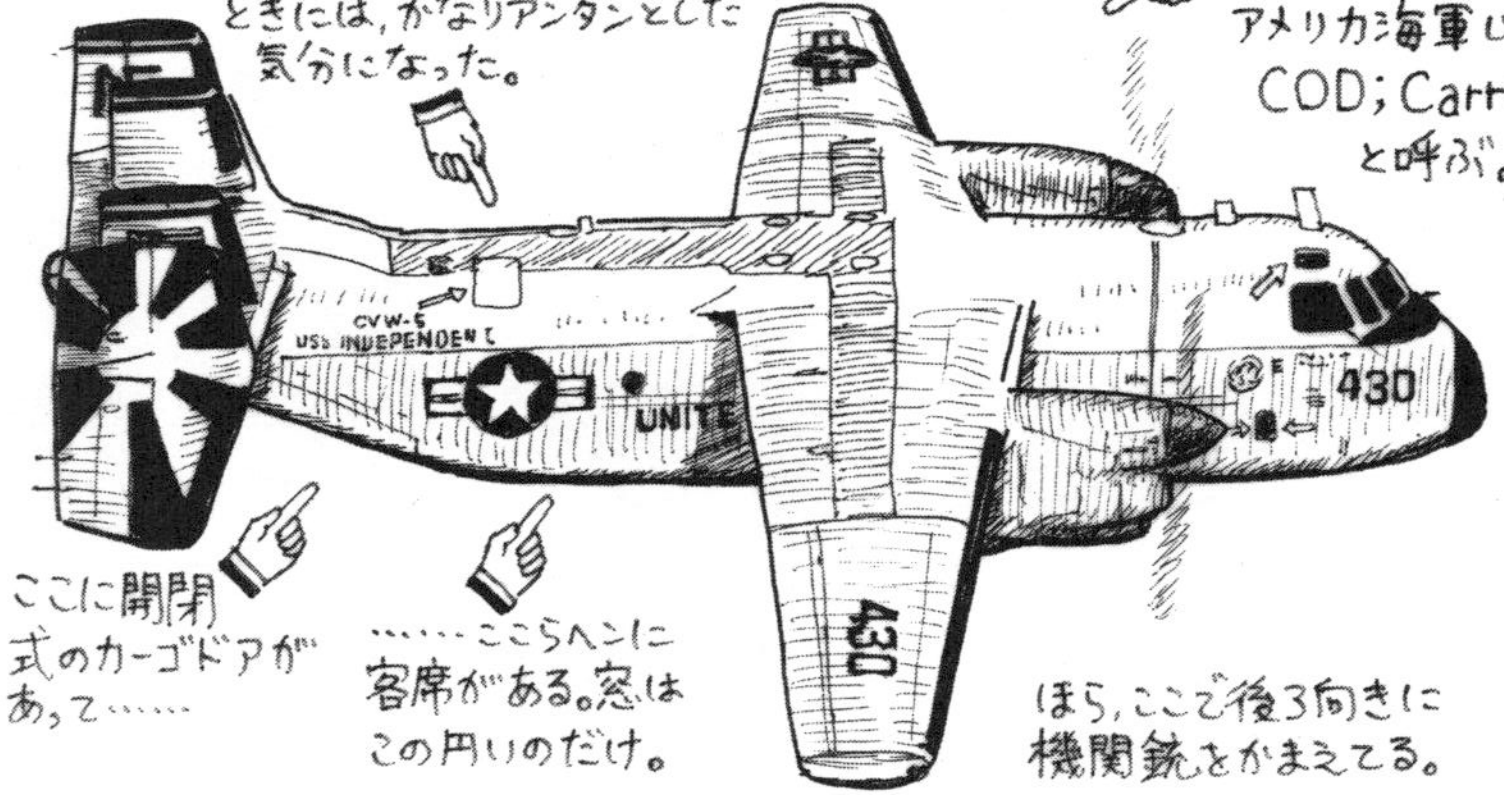

ここに開閉
式のカーゴドアが
あって……

……ここらへんに
客席がある。窓は
この円いのだけ。

ほら，ここで後ろ向きに
機関銃をかまえてる。

と，思い出したのだが，昔の20世紀中葉の第2次
世界大戦のころに『急降下爆撃機』という種類の
飛行機があった。たいていパイロットの後ろに
防御用の機銃手が乗ってることが多かった。
このポジションの座席は多くの例で後ろ向き。
それで急降下したり引き起こしたりするんだから，
乗り物に弱い人にはつらい仕事だったろうな。

例はアメリカ海軍の
ダグラスSBDドーントレス。
太平洋で日本と戦って，
ミッドウェー海戦で日本空母を
たくさん沈めた飛行機。

第2章

第15話

クルマになりたかったヒコーキ

～渋滞に遭うたび考えること

もっともらしい夢想

ガソリンエンジンが生んだ20世紀の兄弟、ヒコーキとクルマは、世界をそれまでとはまったく違うものに変えてしまった。どのぐらい変わったか具体的に知りたかったら、近所のご隠居さんでも訪ねて、東京空襲に向かうB‐29の編隊の美しさと、進駐軍のジープのおびただしさを語ってもらうといい。その人たちこそ、ヒコーキとクルマの威力を目の当たりにして、その時から世界の見え方ががらりと違ってきてしまったはずだから。

そうやって20世紀をひっかきまわしながら、ヒコーキとクルマは別々の進化の道筋をたどり、文明の中でそれぞれの位置を確立している。それなのにヒコーキの中にはときどき何を思ったか、クルマになって元の道を歩いてみたくなったものもある。鳥だと歩く専門の例としてダチョウやニワトリ、ウズラとかがあるが、この場合は飛ぶのを止めたわけじゃなくて、ヒコーキのくせに着陸したらクルマになって、道路を走ろうというのだ。同じガソリンエンジンを使ってるんだから、飛行場でいちいち乗り換えずに、着陸してそのまま走っていけるなら、その方が便利じゃないか、という一見もっともらしい夢想が生まれたのだ。

ガレージに飛行機を

その初期の例が、大不況から何とか抜け出しつつあった1935年にアメリカで作られた、ピトケアンAC - 35だ。これはヒコーキといっても普通の飛行機ではなくて、道路も走れるオートジャイロだった。オートジャイロというのは、前進用のプロペラで滑走し、その前進風速で上部のローターを回転させ、そのローターで揚力（ダウンフォースの逆と思ってください）をつくって飛ぶ代物だ。ヘリコプターのようにその場で垂直に離着陸できるわけじゃなくて、短距離の滑走が必要なのだが、ローターを動力で回すヘリコプターよりメカニズムや操縦が簡単で済む。第2次大戦前、ヘリコプターがまだ未完成だったころには、多少流行りかけたこともあった。

ピトケアンAC - 35が作られた動機は、結果的には同じことだったにしても、何も酔狂や物好きではなかった。「すべての人のガレージに飛行機を！」という、自動車がほぼ行き渡った時代のアメリカらしい高邁な理想だった。当時の商務省が、大衆飛行機の開発計画を進めていて、その一環として試作されることとなったのだ。

AC - 35はキャビン後方の胴体中央に90 psの空冷直列エンジンを搭載して、クラッチを介して機首のプロペラか、後ろの車輪1個を駆動するようになっていた。これで道路上の最大速度は毎時25マイル、つまり40㎞／hだ。直径11メートルのローターは地上では後ろに折り畳む。こうするとAC - 35は幅2メートル強、奥行き8メートル強の、ちょっと大きめのガレージぐらいのスペースに収まるのだった。機体は鋼管骨組みに金属パネルと羽布張り、尾翼部分は木製だった。

1936年10月、AC-35はワシントンDC市街の小さな公園に着陸、ローターを折り畳んで、そのままペンシルヴァニア・アヴェニューをとことこ走って商務省ビルに乗り付けるという芸当を見せた。それ以外にも各地の航空ショーや展示会に現われて、便利さをデモンストレーションして回ったが、結局1機がつくられただけで市販には至らなかった。やっぱり自動車としての能力の低さと、とくに当時のクルマと比べていかにも華奢だし、キャビンの居住性が決定的に見劣りすることが災いしたんだろう。クルマとしての操縦性も悪そうに見えるぞ。

AC-35は今日、ワシントンのスミソニアン国立航空宇宙博物館に保存されている。1960年にはスカイウェイという会社が、これの製造権を買って売り出そうとしたが、実現前に会社がなくなってしまっている。

5分で自動車

この後の1947年、ロバート・E・フルトンという人が、またもクルマになる飛行機をつくった。第2次大戦から復員したパイロットがたくさんいるから、そこが販路になると当て込んだようだ。フルトンの2人乗りFA-2は、150psのエンジンでプロペラか車輪を駆動し、飛べば200km/h、走れば80km/h、着陸したら主翼と尾部は取り外して飛行場に置いておくか、あるいはトレーラーに積むかする。プロペラも道路で何かにぶつけて壊すといけないので、外して胴体の脇にしまっておくようになっていた。飛行機から自動車形態への変換には5分しかかからない、というのが売り文句だっ

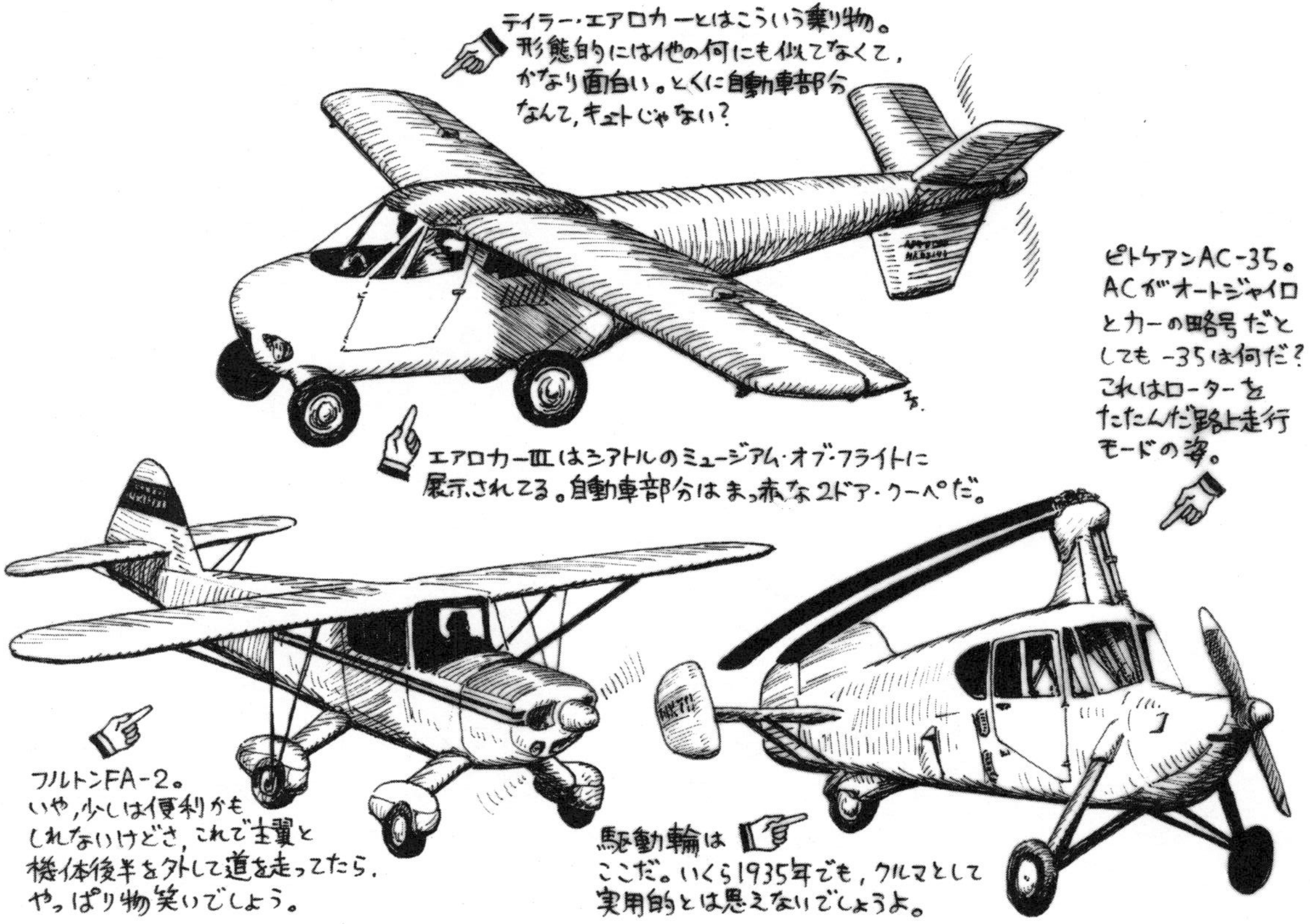
テイラー・エアロカーとはこういう乗り物。形態的には他の何にも似てなくて，かなり面白い。とくに自動車部分なんて，キュートじゃない？

エアロカーⅢはシアトルのミュージアム・オブ・フライトに展示されてる。自動車部分はまっ赤な2ドア・クーペだ。

ピトケアンAC-35。ACがオートジャイロとカーの略号だとしても-35は何だ？これはローターをたたんだ路上走行モードの姿。

フルトンFA-2。いや，少しは便利かもしれないけどさ，これで主翼と機体後半を外して道を走ってたら，やっぱり物笑いでしょう。

駆動輪はここだ。いくら1935年でも，クルマとして実用的とは思えないでしょうよ。

クルマになりたかったヒコーキ

たようだ。

フルトンFA－2の見かけは4本足の軽飛行機で、ヒコーキとしてはわりと違和感がないが、これが主翼と尾翼とプロペラなしで道路を走っているところは、かなり異様な光景だ。そのせいか、それともたった2人しか乗れないせいか、FA－2は3台、いや3機しかつくられなかった。ついでにいうと、これの主翼はグッドイヤー社の〝販促用飛行機〟GA－2の流用だったそうで、そちらについてはまた別の機会に云々したい。

その2年後、今度はモルト・テイラーがその名もエアロカーという2人乗り「飛行自動車」、あるいは「自動飛行機」をつくる。これは135psのエンジンで尾部のプロペラか車輪を駆動し、やはり主翼と尾部は取り外し式だった。エアロカーと銘うつだけに、胴体はフルトンFA－2よりよほど自動車らしい形だった。そのせいか5機ほどつくられて、テイラーはさらに飛行専門型（じゃあどこが面白いんだ?）のエアロカー、〝強化型エアロカー〟へと発展させていったが、どうもやっぱりまともな飛行機をつくる方が好きだったらしく、その後はホームビルド機の製作に走ってしまった。

世に渋滞のあるかぎり

こんな〝町の発明家〟風の試みとは別に、本物の航空機大メーカーのコンヴェア社までが、1946年に飛行自動車の開発に手をだしている。コンヴェア社は戦争中には爆撃機や飛行艇を大量生産して、戦後も超大型爆撃機やジェット戦闘機の開発を進めていたのだが、販路拡大というか新たな市場を探そうとしたらしい。そこでセオドア・ホールという人の設計を買って、コンヴェアカーという名

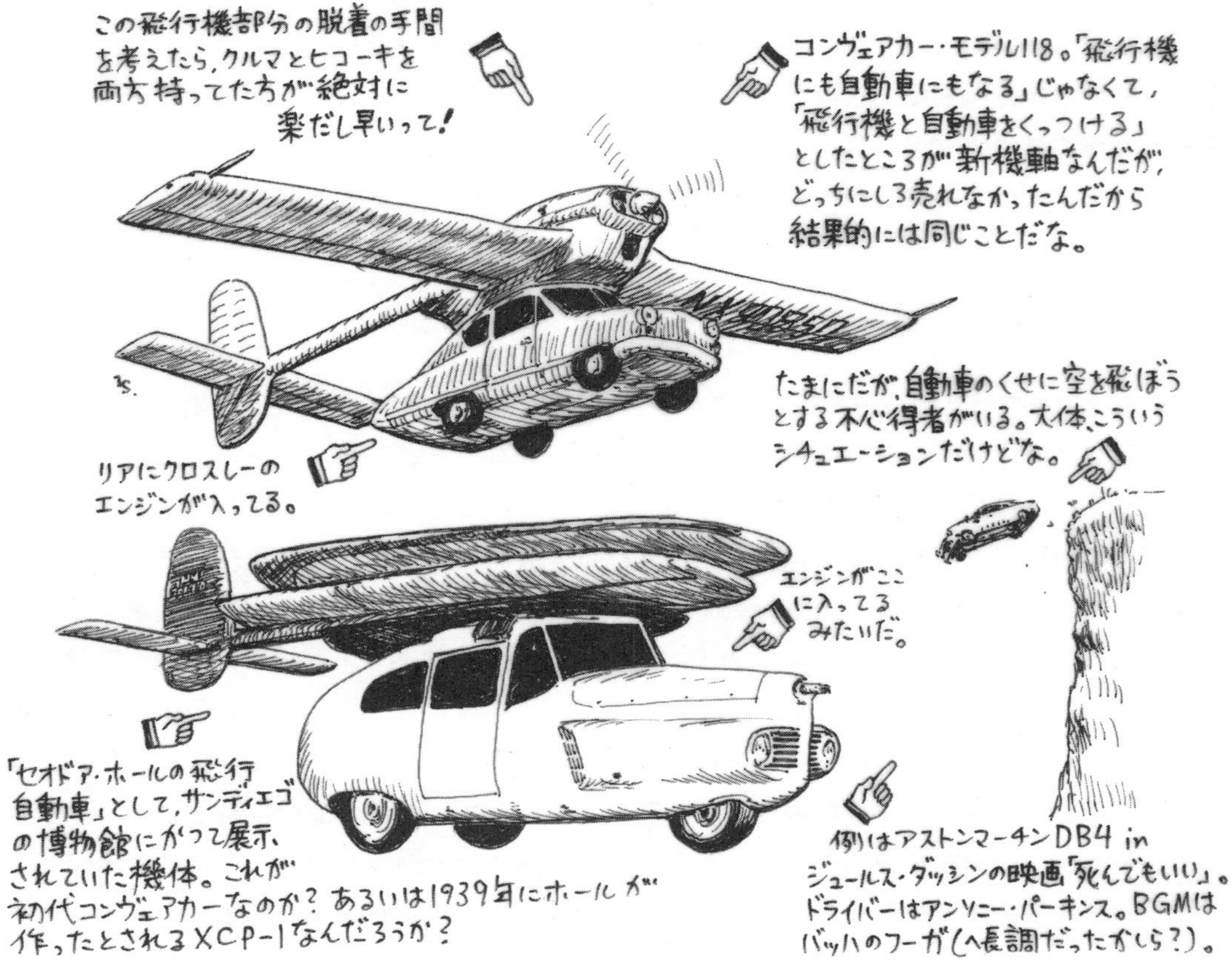
この飛行機部分の脱着の手間
を考えたら、クルマとヒコーキを
両方持ってたらが絶対に
楽だし早いって！
コンヴェアカー・モデル118。「飛行機
にも自動車にもなる」じゃなくて、
「飛行機と自動車をくっつける」
としたところが新機軸なんだが、
どっちにしろ売れなかったんだから
結果的には同じことだな。
たまにだが、自動車のくせに空を飛ぼう
とする不心得者がいる。大体こういう
シチュエーションだけどな。
リアにクロスレーの
エンジンが入ってる。
エンジンがここ
に入ってる
みたいだ。
「セオドア・ホールの飛行
自動車」として、サンディエゴ
の博物館にかつて展示
されていた機体。これが
初代コンヴェアカーなのか？ あるいは1939年にホールが
作ったとされるXCP-1なんだろうか？
例はアストンマーチンDB4 in
ジュールス・ダッシンの映画「死んでもいい」。
ドライバーはアンソニー・パーキンス。BGMは
バッハのフーガ（ヘ長調だったかしら？）。

クルマになりたかったヒコーキ

で試作したのだった。

コンヴェアカーは自動車に取り外し式の飛行機部分を加えるという、ある意味で割り切った構成になっていた。自動車部分は4人乗りの4ドア、前1輪に後2輪の三輪車で、リアにクロスレーの26 psエンジンを搭載していた。この屋根に主翼と尾翼、推進式の90 psエンジンの飛行機部分を乗せるのだった。コンヴェアカーは1機がつくられて、66回の飛行を記録している。

これに意を強くしたコンヴェア社は、翌年には馬力強化型で4輪のコンヴェアカー・モデル118を試作した。今度こそ自動車が飛行機を背負って飛んでるような姿になった。しかし考えてみれば、ユーザーはまともな自動車で飛行場に行って、そこでまともな飛行機に乗り換えればいいのであって、その手間を節約するためだけに自動車とも飛行機ともつかない変な乗り物に我慢する必要はなかったのだ。それにコンヴェアカーでも、やはり操縦系統の接続や切り替え、サスペンションの強度なんかで無駄や無理が多かったのだろう。結局1機試作されただけで、それも燃料ぎれで一度不時着してしまった。後で自動車部分だけ作り直して再生したらしいけど。

そんなわけで、クルマになろうとしたヒコーキはことごとく失敗に終わっている。でも空港に向かう高速道路の大渋滞がある限り、ドライバーのいらだちの中から、また同じ夢想が生じないとは誰に断言できようか！

第16話 ～チラッと見ればすぐわかる

一目でわかるデザイン

フェルメールの静けさ、エル・グレコの混沌、青池保子の精緻、原哲夫の豪胆。古今東西、名画(漫画を含む)を描く巨匠の筆致には必ず作者の刻印ともいうべき特徴がある。

クルマでも時として一目でメーカーがわかる目印があるものだ。もちろん有名な例では、尊大なグリルとスリーポインテッドスター、中央で分かれた長円形のグリル、楯型グリルとミラノの紋章、翼の生えたBの字があるが、そんなエンブレムやマスコットではなくても、デザイン上の特徴でメーカーがわかることもある。

たとえば昔のパッカードのラジエターグリルとボンネットには段差がついていたし、ボクゾールもそうだ。ブガッティの楕円形グリルもその部類に入るだろう。近年ではひところのボルボなんか、デザイン室に雲形定規が見当たらなかったのか、徹底的に直線的なデザインだった。スカイラインはプリンス・スカイラインGTの時代から、テールランプが丸型だったが、あれはひょっとしてコーティナ・ロータスのパクリ……、いや、インスパイアだったのだろうか?

そういわれると、トヨタS800とトヨタ2000GTのフロントやボディの曲面には、何となく共通のアイディアが見られるようだ。あれはあれで当時のトヨタのデザイン上の特徴だったんだろうが、エスハチも2000GTも存在自体がすでに特徴そのものではあったな。

アメリカでもたとえばポンティアックは1960年代からグリルが左右分割になっている。だからGMの他のブランド、シボレーなんかとボディシェルが共通でも、グリルでポンティアックとわかる。後ろから見てカマロと思うと、前に回るとファイアバード、というわけだ。

ビュイックも1950年代から60年代にかけて、断続的にフロントフェンダーのサイドに穴のような「八つ目ウナギ」風のオーナメントをつけていたっけ。

わずかな自由の場所

まあ、グリルにしてもテールランプにしても、他のクルマのドライバーの目に触れる機会の一番多い場所だから、特徴的なデザインを盛り込めば効果的だ。しかも安全上の基準を満たしていれば、クルマにおいてとくに性能や構造上の要求が厳しい部分じゃないから、デザインでも自由度が大きいんだろう。ルーフの形状でデザイン上の個性を発揮したところで意味があるか？　……あるかも。

飛行機のカタチは、性能や構造による制約が、クルマに比べてずっと多い。

主翼の断面はもとより、平面形だって空力的な要求があるから、純粋に審美的に設計しちゃうと飛べなくなることもありうる。機首の形もクルマのフロントグリルみたいに個性を誇示するわけにはいかない。きれいな流線形にするか、エンジンをぎりぎりの大きさで包み込むか、いずれにしても空気

彼女とビデオで見ている古いアメリカ映画に
このカタチのフロントグリルが出てきたら、
すかさず"あれはパッカードだよ」
と知識をひけらかそう。そして
彼女の鈍い反応から、あなたは
思い出す。彼女の世界観では
フロントグリルのあるクルマは
何であれ全て「ベンツ」だった
ことを……。

ほら、フロントグリルのここんところの
っていうカタチがパッカード
の特徴的なデザイン・
モチーフだった。

1940年型
パッカード120。

1951年モデルからはグリル全体が
こんなカタチになって、
パッカードのモチーフを現わしていた。
これは1956年のクリッパー・
デラックス。昔のパッカードは
「デラックス」なんて
名乗らなくても、
パッカードっていう
だけで十分に
デラックス
だったのに……。

グリル上部の肩の部分が
ちゃんとパッカードのモチーフ
のカタチになってる。

1948年のパッカード8。当時の
パッカードのモデル・レンジとしては下の方の
モデルで、上級モデルにはスーパー8、
カスタム8があった。

このころはすでにパッカードはスチュードベーカーと合併、
単なる高級モデルの名前となっていた。そして1958年には
パッカードという車名も消えてしまう。1950年代というのも
いろんなクルマやメーカーが消滅した、絶滅期の一つに
数えられるんじゃないだろうか。

抵抗の少ない形にしないと、肝心の速度性能が満たされなくなる。

それでも飛行機の設計者が自分の個性をカタチにして表せる部分がないわけじゃない。そのひとつが垂直尾翼だ。垂直尾翼は飛行機の方向安定を担う部分で、はなはだしく乱暴な言い方をすれば、風見安定性を稼ぐのと方向舵を取り付ける場所としての機能が果たされればいい。だから重心からのモーメントアームの長さと面積さえ確保されれば、形状にはある程度の自由度はあることになる。

ただし胴体の太さや形と垂直尾翼の形には相性みたいなものがあるようで、この相性が悪いとキリモミ動作に入ったときにうまく回復できなかったりする。胴体の周りを流れる空気が垂直尾翼の効果を損なっちゃうんだろうな。そんなときは垂直尾翼を大きくしてみたり、その付近の胴体に空力的付加物（たいていはヒレ状の板だ）を追加したりして解決するのが一般的みたいだ。

しにせの目印

そんなわけで、かつては垂直尾翼の形に飛行機メーカーの個性が現われていたこともあった。その例がイギリスのデハヴィランド社だ。この会社の創始者にして設計者だったジョフリー・デハヴィランドが１９１１年に作った、王立飛行機工場ＦＥ２という飛行機から、すでに曲線的な垂直尾翼の形が見られる。

その後、第１次大戦のときのＤＨ４爆撃機や１９２０年代のモス・シリーズの各種軽飛行機、オーストラリアへの長距離飛行競走「マクロバートソン・レース」のウィナーとなったＤＨ88コメットに至るまで、デハヴィランドの飛行機はことごとく頂部の尖った、後傾したタマゴ型のような曲線的な垂直尾翼をもっていた。

第2次大戦中の高速木製爆撃機モスキートや、その次のホーネット戦闘機の垂直尾翼も、多少ニュアンスは違う感じだが、明らかにデハヴィランド伝統の線を保っているし、戦後の軽旅客機ダヴやヘロンも同様だ。ジェット戦闘機のヴァンパイアも、試作機こそ角張った垂直尾翼だったが、量産機はちゃんとデハヴィランド風の垂直尾翼に戻っている。

さすがに1960年代のジェット旅客機トライデントになると、垂直尾翼のてっぺんに水平尾翼を持ってきたから、尖った形にはできなくなったし、イギリスの航空工業再編でデハヴィランド社そのものが他の会社と合併してしまって、伝統の形は途絶えてしまった。

同じイギリスの戦闘機メーカーとして名高いホーカー社も垂直尾翼に特徴があった。長年ホーカー社設計陣のリーダーを務めたシドニー・カムは、最初に手がけた1925年の試作戦闘機ホーンビルからオムスビ型に垂直尾翼を設計し、1930年代の傑作軽爆撃機ハートとその数多くの派生型、第2次大戦の戦闘機ハリケーン、プロペラ戦闘機最終世代のフューリーに至るまでほぼ同じ形の垂直尾翼を作り続けた。

大戦後のジェット時代にもイギリス海軍の戦闘機シーホークの尾翼がおなじみの形だったし、1950年代のハンターでは後退角のついた形になったが、なだらかな曲線はやはりプロペラ時代からのシドニー・カムの線の特徴を残していた。ハンターとそっくりの垂直尾翼はVTOL（垂直離着陸）機として有名なハリアーにも受け継がれ、航空機メーカー統合後も、ホーカー社の技術陣が中心となって設計したブリティッシュ・エアロスペース（BAe）ホーク練習機がまたもハンター以来の垂直

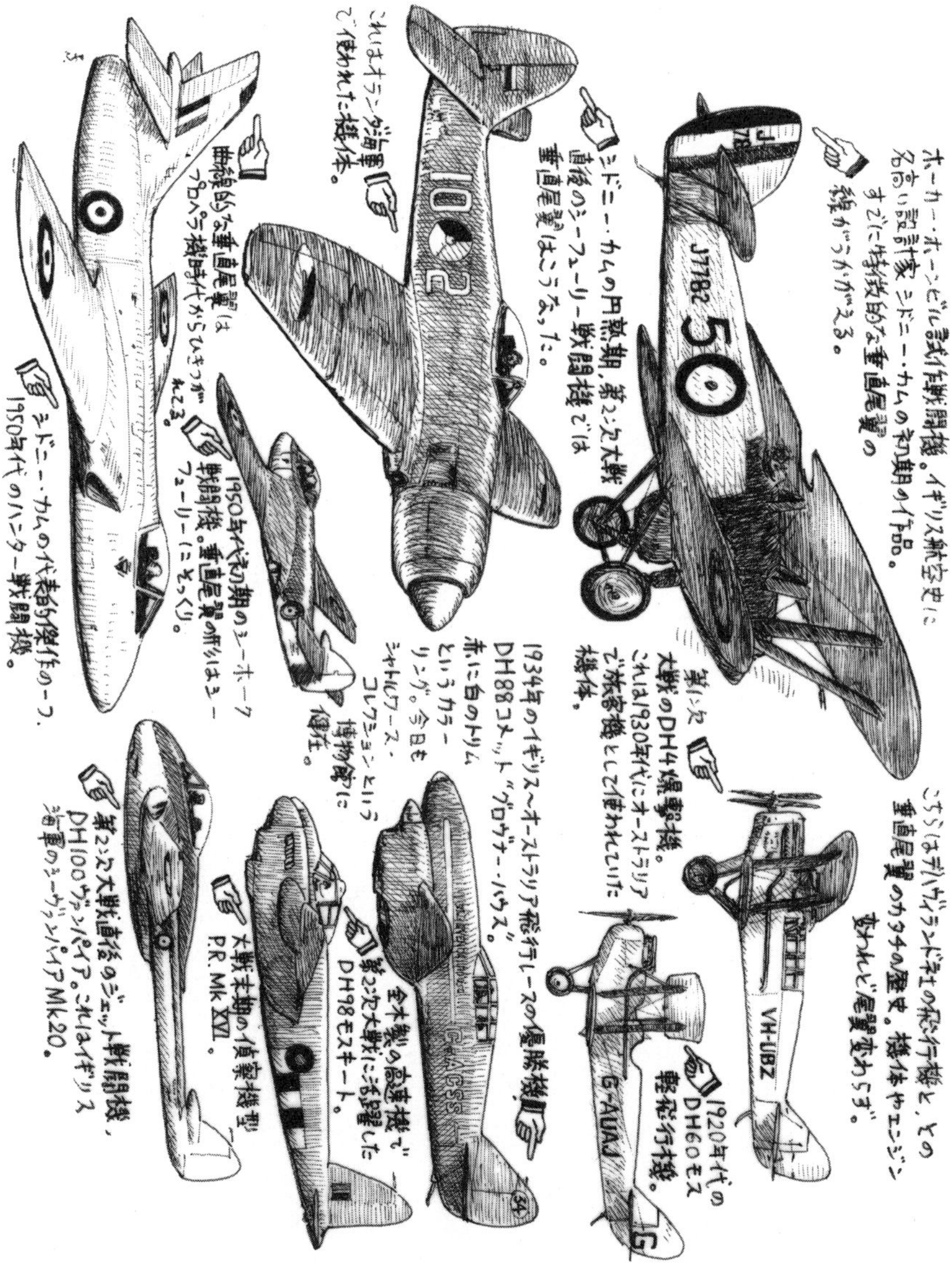
ホーカー・ホーンビル試作戦闘機。イギリス航空史に
名高い設計家シドニー・カムの初期の作品。
すでに特徴的な垂直尾翼の
線がうかがえる。
J7782
50
こちらはデハヴィランド社の飛行機と、その
垂直尾翼のカタチの歴史。機体やエンジン
変われど尾翼変わらず。
VH-UBZ
第1次
大戦のDH4爆撃機。
これは1930年代にオーストラリア
で旅客機として使われていた
機体。
1920年代の
DH60モス
軽飛行機。
G-AUAJ
シドニー・カムの円熟期、第2次大戦
直後のシーフューリー戦闘機では
垂直尾翼はこうなった。
10 2
これはオランダ海軍
で使われた機体。
1934年のイギリス〜オーストラリア飛行レースの優勝機
DH88コメット"グロヴナー・ハウス"。
赤に白のトリム
というカラー
リング。今日も
シャトルワース・
コレクションという
博物館に
健在。
G-ACSS
34
全木製の高速機で
第2次大戦に活躍した
DH98モスキート。
大戦末期の偵察機型
P.R. Mk XVI。
曲線的な垂直尾翼は
プロペラ機時代からひきつが
れてる。
1950年代初期のシーホーク
戦闘機。垂直尾翼の形はシー
フューリーにそっくり。
第2次大戦直後のジェット戦闘機、
DH100ヴァンパイア。これはイギリス
海軍のシーヴァンパイアMk20。
シドニー・カムの代表的傑作の一つ、
1950年代のハンター戦闘機。

尾翼を持っている。

しかしさすがに現代の戦闘機になると、そんな感傷的な設計は許されなくなってきた。とくにレーダーに映りにくい「ステルス性」が求められると、レーダー電波を反射する方向を極減するよう、垂直尾翼も含めて機体全体の外形にも厳しい制約が課せられるようになった。

それがさらに進めば、現在研究中の無人機では、飛行機のカタチは垂直尾翼どころか胴体すらないただの三角形の翼だけになるかもしれない。CAD／CAM用コンピュータ画面に三角形を描くのに、設計者のカタチへの好みや趣味が必要か？

それに比べればクルマのカタチにはまだ希望が残っている。電池で走ろうが水素で走ろうが、クルマはきっと道行く人々や対向車のドライバーに、どのメーカーの製品か、どのブランドのクルマか印象づけるために、フライングレディとかヒョウの躍動とか、何かしら伝統の印や象徴をまとい続けることだろう。さもないと未来の自動車雑誌は特集や記事のタイトルに使える言葉がなくなってしまう。

いや、そうもいってられないかもしれない。問題は、将来それぞれが個性や伝統を主張し合うほど、クルマのメーカーやブランドの数が残っているかの方じゃないのか？

第3章

「大事なことは（大事でないことも）みんなイギリス人から教わった」

[第17話]
一〇式艦上戦闘機
一三式艦上攻撃機
零式艦上戦闘機
日産A40
日産A50
ヒルマン・ミンクス
日野ルノー
モーリス・マイナー
モーリス・オックスフォード
ハンドレーページ・マラソン
デハヴィランド・ヘロン
ヴィッカース・ヴァイカウント
オースチンA40 “サマーセットGS4サルーン”
モーリス・マイナー・シリーズIIトラヴェラー
ヒルマン・ミンクスMk.VII

[第18話]
MINI
フォルクスワーゲン・ビートル
シトロエン2CV
オースチン・セブン
モーリス・マイナー
モーガン4/4
ロータス72
ロータス76
マクラーレンM23
ブリストル・ファイター
アヴロ・アンソン
BAe146
ホーカー・ハリアー
マクラーレンMP4

[第19話]
トヨタ・プリウス
ハインケルHe76
コロニアル・ネイピア
ネイピアT35サルーン
ネイピア “ブルーバード”
アービング・ネイピア・スペシャル “ゴールデンアロー”
スーパーマリンS5
スーパーマリンS6
スーパーマリンS6B
ホーカー・タイフーン
ネイピア・ヘストンレーサー
グロスターVI “ゴールデンアロー”

[第20話]
フレイザー・ナッシュ・セブリング
ジャガーXK120
ショート・マイア
ショート・マーキュリー
アヴロ・ランカスター
ロッキード・ヴェガ
アヴロ・チューダー
フェアトラベル・リネット
フェアソープ・エレクトロン・マイナー
フェアソープTX-GT MkII

[第21話]
ポルシェ911
フォルクスワーゲン・ポロ
フォルクスワーゲン・パサート
フォード・フォーカス
オペル・ザフィーラ
メッサーシュミットBf109
フォッケウルフFw190
スーパーマリン・スピットファイア
ホーカー・ハリケーン
メルセデスベンツSSK
メルセデスベンツW156
メルセデスベンツ300SLR
ポルシェ356
ポルシェ908
ポルシェ917
ポルシェ956
ポルシェ962
日産セドリック
アヴロ・ランカスター
ヴィッカース・ウェリントン
オースチン・セブン
モーリス・ブルノーズ
ロールズロイス・ファントム
ロールズロイス・レイス
ボクスホール30/98
ベントレー・スピードシック
オースチンA40
ヒルマン・ミンクス
フォード・プリフェクト
アームストロング・シドレー
アームストロング・アーゴシー
アームストロング・ホイットニー
アームストロング・シドレー “ホイットレー”
アームストロング・シドレー “タイフーン”
アームストロング・シドレー “ランカスター”
ブリストル401
ブリストル・ボーファイター
ブリストル・ブリガンド
アヴロ・プリフェクト
ライレー “パスファインダー”
ボクスホール・ワイバーン

大事なことは（大事でないことも）みんなイギリス人から教わった

～汽笛一声、汽車からフォーミュラマシンまで

機関車9600を緑に塗れば

日本の近代におけるヨーロッパからの文明の移入に際して、イギリスから手にいれたものは実に多い。ウースターソースとカレーライス、ガーデニング、ピーター・ラビットにプーさん、インバネスに山高帽、BBC英語の日本版であるNHK日本語、せっかく濃く美味しくいれた熱い紅茶に冷たい牛乳を入れて台なしにすること、どくろを手にして「おお、哀れヨリック……」とつぶやく紋切り型、単なる横町の変物への「エンスージアスト」という称賛。

瞥見《べっけん》しただけでも、今日の日本の社会のさまざまな部分に、イギリスから教わったものがいかに広範な影響を与えてきたかがよくわかる。

とくに明治期にイギリスからの技術流入が目立ったのが乗り物の分野だ。汽笛一声新橋を早や離れたる我が汽車の第1号がイギリス製だったし、そもそも、日本の鉄道のレール幅からして、イギリスが植民地用に考案したレールシステムから来ている。そんなわけで日本の鉄道車両、とりわけ蒸気機関車はながらくイギリスからの影響を強く受けたものが多い。大正期の日本の蒸気機関車、たとえば

大事なことは(大事でないことも)みんなイギリス人から教わった

有名な9600型を青か緑に塗って、連結器をバッファー型に替えて、正面のボイラーのフタ部分に白人っぽい顔を描いてごらんなさい、「機関車ナントカ」そっくりだから。

「三笠」から「大和」へ

日本の海軍もそうだ。日露戦争でロシアのバルチック艦隊を敗ったときの主力戦艦、たとえば「三笠」とかはほとんどがイギリス製だった。海軍の仕組みやいろんなしきたりもイギリス流で、カレーライスもイギリス海軍の給食メニューが基になってるというのが、今日のウンチクの定説だ。

そんなわけだから、日本の海軍が飛行機をつくろうとしたときに、イギリスからいろいろ教えてもらうようになったのも当然といえば当然のなりゆきだった。海軍は大正時代にイギリスから技術者を呼んで、日本のメーカーを指導させたり、設計させたりした。飛行機に関しては、明治時代の「お雇い外国人」と同じ方策が採られたのだな。

余り物の軍艦を改造して世界で初めて空母を作ったのがイギリス海軍。それに続いて日本海軍は、最初から空母として軍艦を設計して建造した。だから空母に載せるための飛行機づくりの先生は、やっぱりイギリス人ということになるのだ。

かくしてイギリスの有力メーカー、ソッピーズ社からのスミス技師の指導のもと、海軍初の国産戦闘機「一〇式艦上戦闘機」とか「一三式艦上攻撃機」ができていった。その後もしばらくイギリス流の飛行機や飛行艇が多く海軍で使われた時期が続いた。しかしそのうちに日本海軍はイギリスに追いつき、追い越すことを求めるようになり、ついにはゼロ戦と戦艦「大和」で達成するのだが、その結

シェークスピアを日本でライセンス生産した……あ、いや、そうじゃなくてシェークスピアを翻訳した坪内逍遙。当時の小説のシンズイな人でもあった。

ヴィッカース造船所で建造された戦艦「三笠」。日本海海戦のときの連合艦隊の旗艦をつとめた。

1号機関車に続いて輸入された、イギリス製A-6形式。メーカーはシャープ・スチュワートだそうだ。

"お雇い外国人"、ハーバート・スミスが設計した三菱「一〇式艦上戦闘機」。大正12年、イギリス人パイロットのジョーダン大尉が、空母「鳳翔」で日本で初めて離艦と着艦をやってのけたのは、これの初期型。

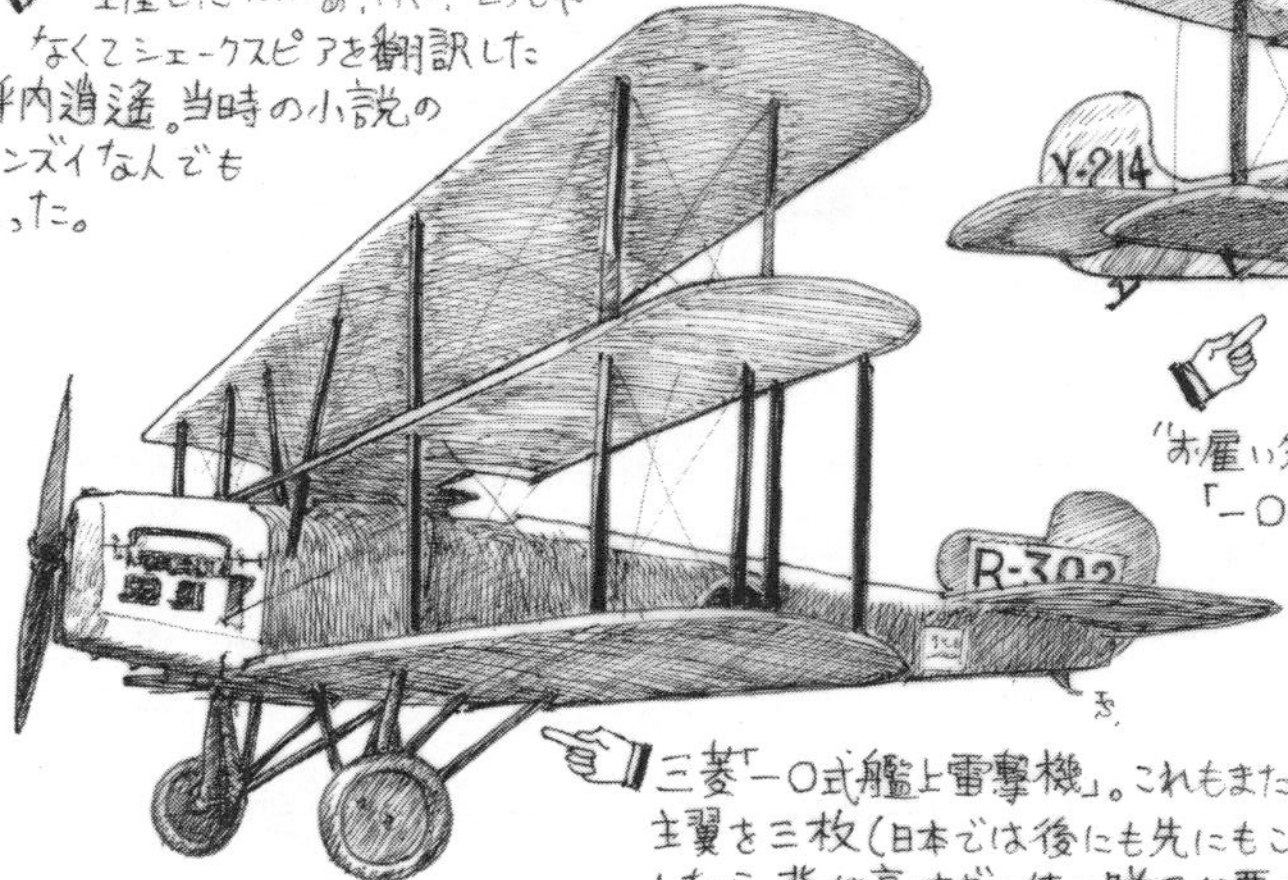

三菱「一〇式艦上雷撃機」。これもまたハーバート・スミスの設計。主翼を三枚(日本では後にも先にもこの飛行機だけ)にしたら、背が高すぎて使い勝手が悪かったんですと。

第3章 第17話

大事なことは(大事でないことも)みんなイギリス人から教わった

果は第2次大戦の敗北だった。
このイギリスとの師弟関係、日本の技術史としては国産技術の進歩と発展の物語ともいえるんだが、イギリスから見ればオビワン・ケノビとダース・ベイダーの関係みたいなものかもしれない。

銀座のオースチン

汽車や軍艦、飛行機に比べると、クルマに関しては、すくなくとも戦前の日本にはイギリスの足跡はあまり目立たない。そもそも戦前は日本の自動車工業そのものが目立たなかったんだから、それも無理はないのだが。

ところが1950年代になると、日本にイギリスのクルマの技術が流れ込んでくる。乗用車の市場をつくり出そうとするメーカーが、いろいろ外国のクルマのライセンスを買って、日本で生産し始めたのだ。たとえば日産は、イギリスのオースチンと技術提携して、まずA40を、それからA50を国産化した。いすゞ自動車もヒルマン・ミンクスを生産した。日野のルノーと並んで、1950年代後半から1960年代初期の都会じゃ、これらの日本製イギリス車がタクシーとして走っていたのだ。

おぼろな記憶をさかのぼると、子供心でもタクシーとして巡り会って嬉しかったのは、国産のかっこいいプリンスを別にすると、車体の大きなオースチンだった。ヒルマンもデザインが洒落ていて好きな部類だったような気がする。ルノーは料金が安かったんで親は好んだみたいだが、何だか小さくてチャチっぽくて、ちょっとがっかりしたものだ。

それにしても、なぜ日本のメーカーはイギリス車をライセンス相手に選んだんだろう。詳しく検証したわけじゃないが、巨大なアメリカのメーカーに進出の足がかりを与えると、揺籃期の日本のメーカーはたちまち圧倒されてしまう、と当時の通産省あたりが考えたんだろうか。そういえば昭和30年代あたりには、コカコーラだって輸入が制限されていて、清涼飲料といえばサイダーだった時代もあったっけ。いずれにせよ、1950年代のアメリカ車なんて、当時の日本の燃料事情や道路事情に合っていないことおびただしかったろう。

あるいは1950年代のイギリスではクルマが大事な輸出商品とされていて、政府レベルで強い売り込みがあったのだろうか。イギリス車ならサイズや性能が日本の市場に合致していたといわれれば、納得できないものでもない。なるほどオースチン社にしてもヒルマンのルーツ社にしても、当時の純イギリス大手メーカーだから、提携相手としての信頼度は高かったろう。通産省がそういう点を考慮してメーカーを指導した、なんてことがあったのだろうか。

そんな疑問はさておき、あのころ日本メーカーが、たとえばモーリスを提携相手に選んでいれば、オックスフォードやマイナーが国産化されて、日本の風景もだいぶ違ったものになっていたろう。木製のワゴンのボディのマイナーが、「魚新」とか「小川精米」とか書いて配達に使われる、なんていうこともあったかもしれないのだ。さらにまかり間違ってフレイザー・ナッシュあたりと提携していたら、昭和30年代の日本では4ドアセダンよりも奇妙な2シートスポーツの方が目につくようになって面白かったのに。

大事なことは（大事でないことも）みんなイギリス人から教わった

かよわきイギリス製の翼

実は飛行機でも第2次大戦後の航空再開の時代には、いろいろイギリス製の飛行機が輸入されたことがあった。でも日本におけるイギリス機は少数派で、しかも中古機が多かったせいで、総じてあんまり存在感がなかった。とくに2機ほど輸入されたハンドレーページ・マラソンという小型4発旅客機は機体強度が怪しくて、飛行停止をくらってるくらいだ。

当時の日本じゃ、航空管制にしても在日アメリカ軍の影響が今よりもずっと大きかったし、自衛隊の航空部隊もアメリカ製の航空機でつくられていた。そのうえイギリスの航空工業自体が、1950年代後半になると世界の技術水準の第一線からだんだんズリ落ちていって、第2次大戦直後に見せた輝きを急速に失っていったから、日本の航空市場がアメリカ製の飛行機に席巻されて、イギリス機の入り込む余地がなくなってしまったのも無理はない。

そんな中ではデハヴィランド・ヘロン4発小型旅客機（筆者が生まれて初めて乗った飛行機がこれだ）が離島空路で長らく地道に働いたのと、ヴィッカース・ヴァイカウント4発旅客機がターボプロップエンジンの振動の少なさで成功したのが、戦後の日本におけるイギリス製飛行機の数少ない栄光だ。

今じゃクルマでも飛行機でも、イギリスの影響はほとんど見られない。例外としてはフォーミュラ・ニッポンのレイナード製シャシーがあるくらいだが、レイナードが倒産したいま、そんな最後のイギリスのお手本も、日本製シャシーが追い越してしまうのかもしれない。

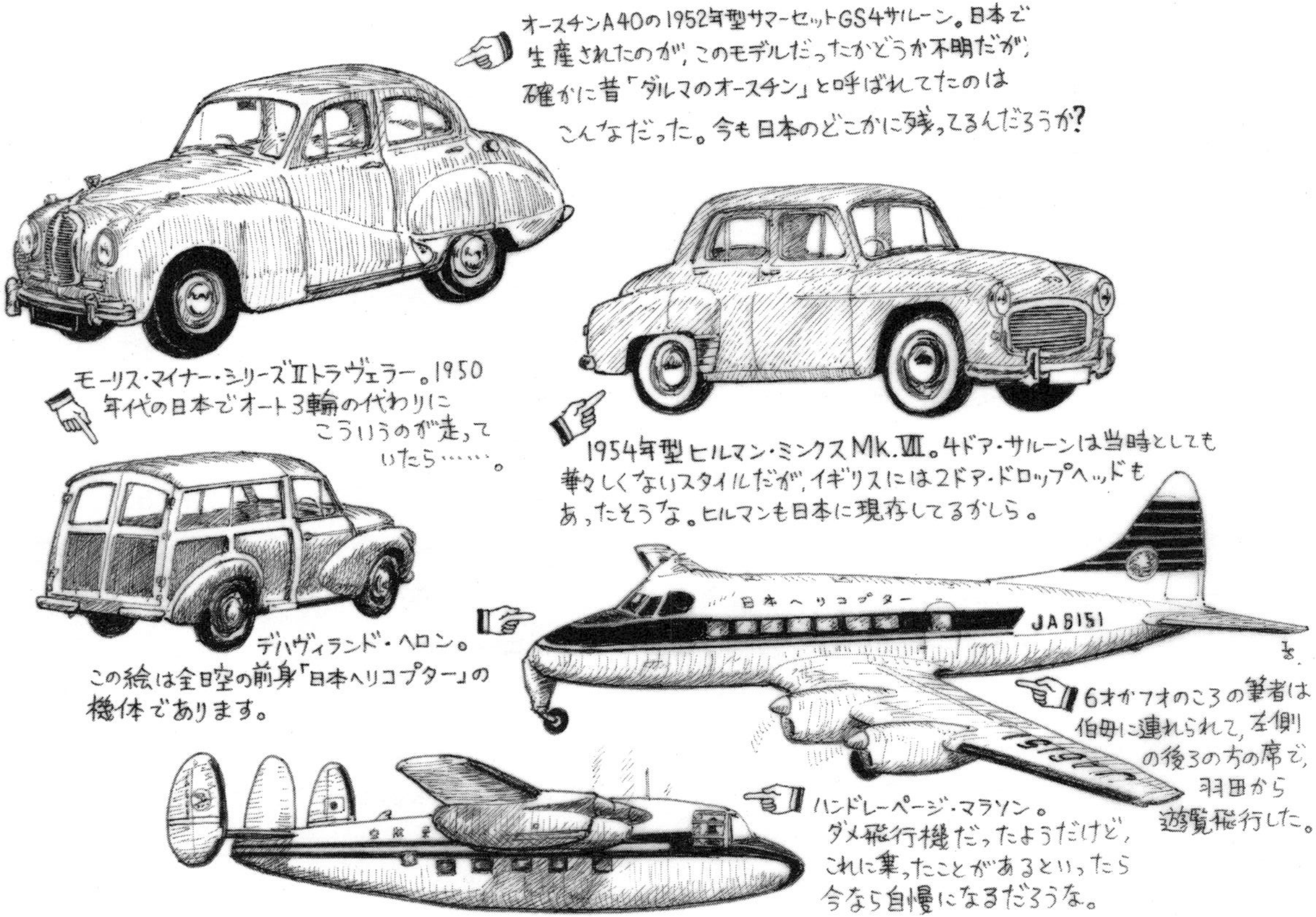
オースチンA40の1952年型サマーセットGS4サルーン。日本で生産されたのが、このモデルだったかどうか不明だが、確かに昔「ダルマのオースチン」と呼ばれてたのはこんなだった。今も日本のどこかに残ってるんだろうか?

モーリス・マイナー・シリーズIIトラヴェラー。1950年代の日本でオート3輪の代わりにこういうのが走っていたら……。

1954年型ヒルマン・ミンクスMk.VII。4ドア・サルーンは当時としても華々しくないスタイルだが、イギリスには2ドア・ドロップヘッドもあったそうな。ヒルマンも日本に現存してるかしら。

デハヴィランド・ヘロン。この絵は全日空の前身「日本ヘリコプター」の機体であります。

日本ヘリコプター
JA6151
6才か7才のころの筆者は伯母に連れられて、左側の後ろの方の席で、羽田から遊覧飛行した。

ハンドレーページ・マラソン。ダメ飛行機だったようだけど、これに乗ったことがあるといったら今なら自慢になるだろうな。

第3章 第18話 ものぐさにもほどがある!? ～感嘆を通り越して、滑稽に至る

ネバー・マインド・ボロックス

で、結局MINIって何年つくり続けられたんだっけ? ああ、41年か。『NAVI』の2001年5月号に書いてあった。あれって最初はモーリスとかオースチンのブランドでつくられてたのに、そういうメーカーが消滅しても、単なる「MINI」として生産が続いたんだから、何というか……。MINIの系列車を作ったライレーやウーズレーなんて名前も、歴史になっちゃった。

MINIがこんなに息の長いロングセラーになったのは、やっぱりひとつにはエンジン横置きなんて(飛行機にはたぶん絶対ない)レイアウトに前輪駆動で、短いホイールベースのなかでキャビン容積をできるだけ大きく取る、っていう、アレック・イシゴニスのコンセプトが正解だったからなんだろう。

20世紀のクルマの歴史を顧みるに、やたら生産期間の長いクルマはMINI以前にもいろいろあった。フォルクスワーゲンのビートルとか、シトロエンの2CVとかだ。MINIの故郷イギリスだけを見ても、第2次大戦前のオースチン・セブンが17年間、戦後のモーリス・マイナーなんかは、MINIと並行して23年間も生産が続けられている。

そういうロングセラー車には、どうも共通点があるようだ。みんな大衆車なのだ。ということはひょっとして、お金持ちのためのクルマはすぐモデルチェンジされて、新しいデザインやメカニズムが盛り込まれるのに、大衆はいつまでたっても同じカタチ、同じエンジンの車を与えられてきた、ということにならないか？

たしかにMINIや2CVって、メカニズムが値段のわりによくできていて、デザインも古びない。でも、裏をかえせば、ビンボー人、いや、正しくは労働者階級、日本語では「中流」、とにかく大衆向けのクルマに自動車メーカーは開発費をかけたくない、いちいち新しいことをしてやるのは面倒くさい、ってだけのことじゃないのか？　スタイルが古くならないのも、なにしろ町並みや石畳が何百年も変わってないんだもの、たとえ自動車が何年か（何十年か？）前のデザインでも、ヨーロッパ人が気にするもんですか。

イギリスの大衆が数年前のオースチン・セブンかなんかに乗ってとことこ走っていると、金持ちの新車のダイムラーやラゴンダが音もなく追い抜いて行く。それでついに頭に来た大衆が、次の選挙で労働党に投票すると、自動車メーカーは次々消えて、残るは失業者の群れとセックス・ピストルズ（「ネバー・マインド・ザ・ボロックス」）。あげくに、マーガレット・サッチャーの登場だ。20世紀の大衆社会って何をやってたんだか。

F1マシンだって例外ではない

そんな資本家階級の横暴な支配があったかどうかはさておいて、どうもそもそもイギリス人には、

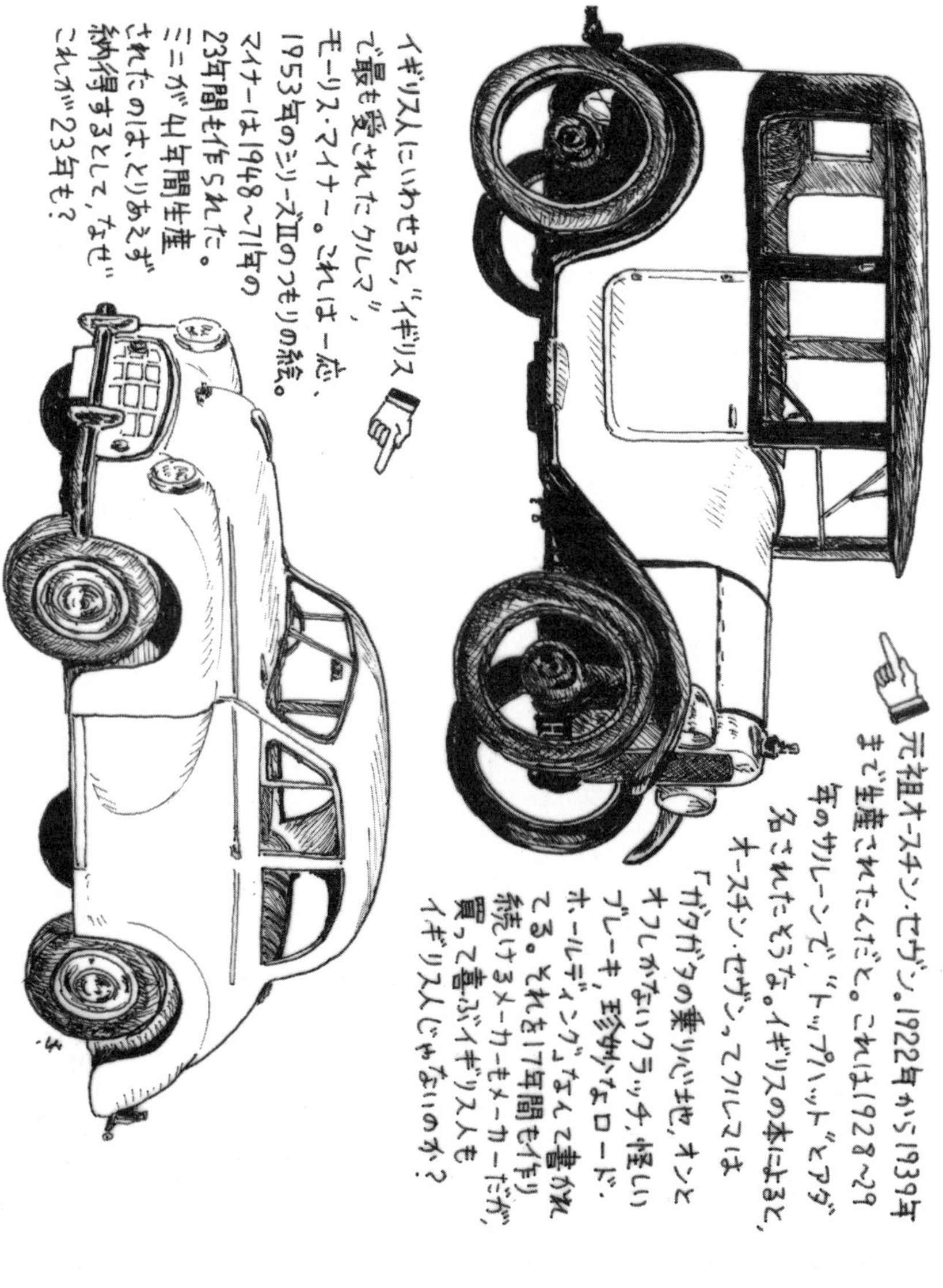
元祖オースチン・セヴン。1922年から1939年まで生産されたんだと。これは1928～29年のサルーンで、"トップハット"とアダ名されたそうな。イギリスの本によると、オースチン・セヴンってクルマは「ガタガタの乗り心地、オンとオフしかないクラッチ、怪しいブレーキ、珍妙なロード・ホールディング」なんて書かれてる。それを17年間も作り続けるメーカーもメーカーだが、買って喜ぶイギリス人もイギリス人じゃないのか？
イギリス人にいわせると、"イギリスで最も愛されたクルマ"、モーリス・マイナー。これは一応、1953年のシリーズⅡのつもりの絵。マイナーは1948～71年の23年間も作られた。ミニが41年間生産されたのは、とりあえず納得するとして、なぜこれが23年も？

一度つくったものをいつまでも使い続けたり、同じものをいつまでもつくり続ける性癖があるようだ。大昔にモデルチェンジしそこなっただけ、みたいなモーガン・4／4なんかもその例だし、コンペティティブであり続けることが至上命題のレーシング・マシンにだって、異様に現役期間の長かったものがあったりする。

革新家、コリン・チャプマン率いるロータスの傑作、ヨッヘン・リントの悲劇で知られる72がそれだ。デビュー・イヤーの１９７０年から75年まで第一線で走っていた。これだけ長く走り続けたのには、74年に登場したはずの後継車、ロータス76（当時、すでに〝電磁クラッチ〟なんかを試みていた）が大失敗して、ほとんどコンペティティブでなくなった72をひっぱり出さなくちゃならなかったという理由がある。そう考えると、気の毒な晩年ではあったが、足かけ6年もＧＰレースのグリッドに並んだというのは大したものだ。

同世代のマクラーレンＭ23も１９７３年から76年半ばまで4年間はそれなりに走っていた。ロータス72に続いてＭ23もタミヤからプラモデルになったんだから、やはりこちらも名車なんだろう。Ｍ23といえば、エマーソン・フィッティパルディかジェームズ・ハントの乗るマールボロ・カラーと思うだろうが、１９７３〜74年のヤードレイ・カラーもいいぞ。

Ｆ１マシンが基本設計を変えずにこれだけ長い期間走れたのは、フォード「ＤＦＶ」時代、１９７０年代前半のＦ１の性能や設計が一つの極限に達し、なかなかブレイクスルーがなかったから、かもしれない。あるいは単にイギリス人は、一度いい機械をつくっちゃうと、次のものを開発するのが面倒くさくなる、というだけのことかもしれない。

フェイスフル・アニー

その仮説（?）を証明するに足るだけの実例が、イギリスの飛行機にはひとつならずあるのだ。まず、第1次大戦後期の戦闘機ブリストル・ファイター。1916年に初飛行して、出現当時はけっこう高速で鳴らしたもんだが、イギリス空軍ときたら、この飛行機を戦後どころか32年、つまり全金属単葉機時代の直前まで使い続けた。さすがに後には、戦闘機としては通用しないから、中近東方面の警備用に格下げされたけど。メーカーのブリストル社も、1924年になっても第1次大戦から基本的には変わらない機体をもとに改良型なんかを出して、結局、つくりもつくったり5000機以上。いくら軍事予算縮小と大不況の時代でも、ものぐさにもほどがある。

アヴロ・アンソンという飛行機もある。1934年の双発軽旅客機から発展した機体で、本来は沿岸哨戒を目的として36年に初飛行した。もとが旅客機だけに、じきに第一線の実戦任務から退けられたが、なにしろ素直で信頼性が高いから、練習機とか人員輸送機に使われて、〝フェイスフル・アニー〟などというあだ名までつけられたくらい。乗員たちから気に入られていたのだ。戦後にはまた民間旅客機型もつくられて、なんと1953年まで、17年間も生産された。その数は、イギリスとカナダ合わせて約1万1000機。イギリス空軍から最後のアンソン連絡機が退役したのは、超音速ジェット機が当たり前になった、1963年のことだった。

日の下に新しきものなし

そんな古い飛行機をいつまでも使って、新しい機体を発注しなかったからか（いや、ホントは、またも国防予算の削減と、国の産業政策の混乱のせいなんだけど）、イギリスの航空産業は１９６０年代にメーカーの吸収や統合をくりかえし、77年にはブリティッシュ・エアロスペース（ＢＡｅ）１社のみになってしまった。自動車メーカーの数々が消えていったのと、ほぼ軌を一にしているわけだ。

しかもブリティッシュ・エアロスペースの最近の製品を見ると、外国との共同開発機以外は、昔の、統合前に開発された飛行機の発展型、いわば〝焼き直し〟ばっかりだ。近年のヒット作、近距離路線用のジェット4発旅客機のＲＪシリーズ、旧名ＢＡｅ１４６は、アメリカやヨーロッパ、あるいは中国の近郊線やローカル線でよく見かけるが、実は統合前のホーカー・シドレー社が、70年代に開発したＨＳ１４６を、ＢＡｅになってから仕上げたものだ。イギリスが誇る〝世界唯一の垂直離着陸実戦（経験）機〟のハリアー・シリーズだって、最初の構想は１９５０年代に生まれてるから、もう40年以上の歴史を持つことになる。

さしものＭＩＮＩもついに生産終了になる今日このごろ。なのにイギリス航空界はＭＩＮＩと同時代のアイディアで、まだ商売してるわけだ。Ｆ１マシン以外に、イギリス人は新しいものをつくる気があるんだろうか？　いや、ここ数年のマクラーレンＭＰ４シリーズを見ると、それすら怪しい気がするのだが……。

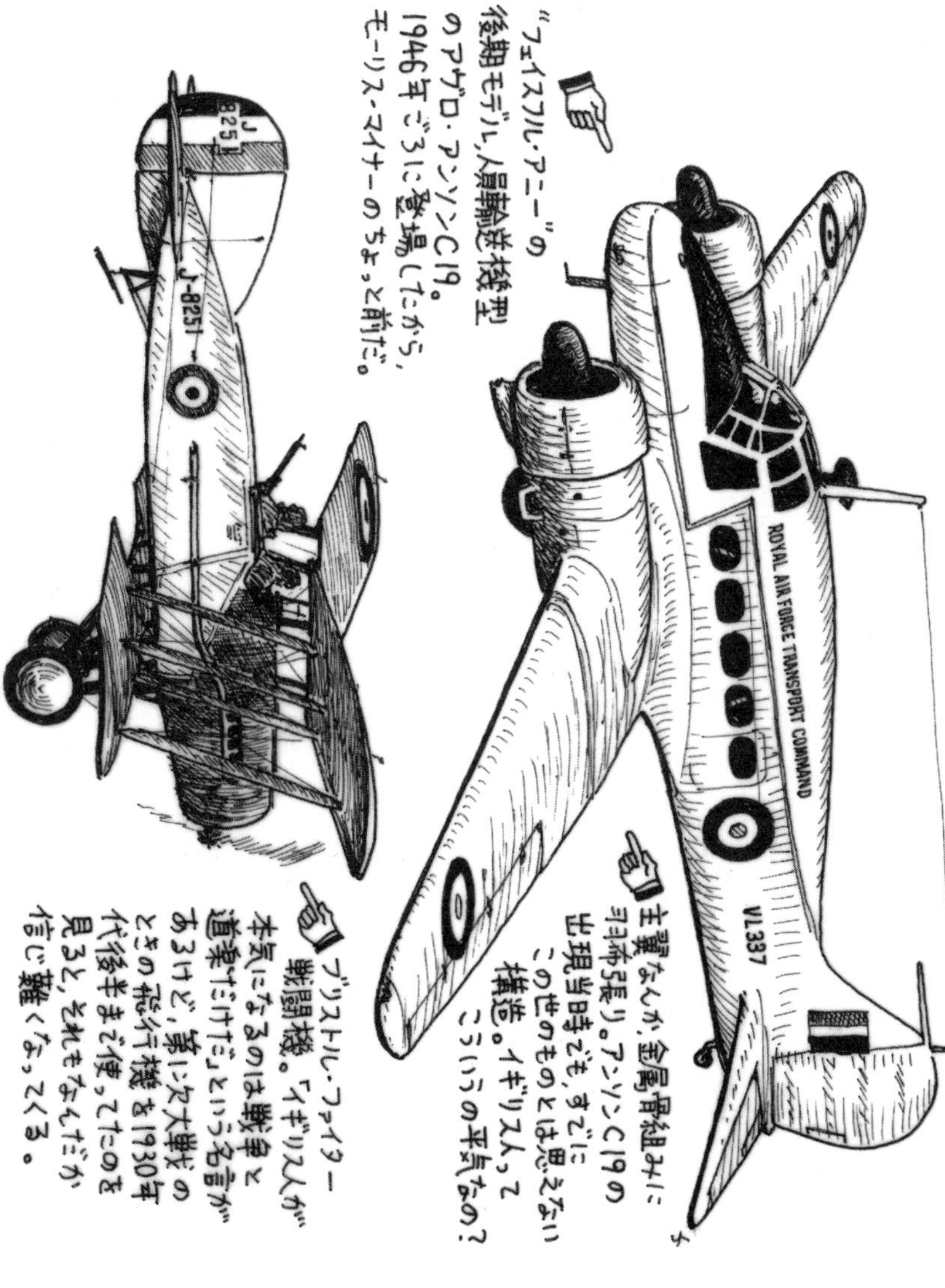
"フェイスフル・アニー"の
後期モデル,人員輸送機型
のアヴロ・アンソンC19。
1946年ごろに登場したから,
モーリス・マイナーのちょっと前だ。
ROYAL AIR FORCE TRANSPORT COMMAND
VL337
J-8251
主翼なんか,金属骨組みに
羽布張り。アンソンC19の
出現当時でも,すでに
この世のものとは思えない
構造。イギリス人って
こういうの平気なの?
ブリストル・ファイター
戦闘機。「イギリス人が
本気になるのは戦争と
道楽だけだ」という名言が
あるけど,第1次大戦の
ときの飛行機を1930年
代後半まで使ってたのを
見ると,それもなんだか
信じ難くなってくる。

絹の布を切り裂く音

第⑲話

～ロールズロイスの影に隠れた、ああ、ネイピア社

タ・ポケタポケタポケタポケタ……

こないだ近所の十字路をプリウスが曲がっていった。このコーナー、育ちの悪いスカGだと「ブオオオン」とか一声わめいて立ち上がるところだ。ところが同じ曲がり角でもさすがはプリウス、ただ「ミュウウーン」とささやくばかり。自動車の音も21世紀を目前にして、ついに変わり始めたらしい。

昔は飛行機も自動車と同じくピストンエンジンで飛んでたから、音はたいてい牧歌的な「ブーン」という爆音だった。ジェームズ・サーバーなら「タ・ポケタポケタポケタ」と書くところだ。でも今じゃジェットやガスタービンで「キーン」とか「フイーン」とかいう、いわゆる金属音ばかり。世界最初のジェット機、ドイツのハインケルHe76が飛んだのが1938年、ジェット機が一般的になったのが50年代あたりで、飛行機の方はすでに半世紀も前から音を変えたわけだ。

そんなレシプロエンジンの時代に、イギリスの栄光を担っていたのがロールズロイスがつくった飛行機用エンジンだった。第2次大戦前の水上飛行機速度競争として有名なシュナイダー・トロフィの永久保持権をイギリスにもたらしたのも、第2次大戦のイギリス空軍主力機の多くに装備されたのも、

みんなロールズロイスのエンジンだったのだ。

そのロールズロイスの陰で、もう一つのメーカーがイギリスの栄光を担おうとした。ネイピアという会社だ。そもそもネイピア社は貨幣鋳造機のメーカーだったが、1896年に社長になった2代目のモンタギュー・S・ネイピアが自転車づくりを始め、それがモーターサイクル用エンジンから、さらに自動車のエンジンと車体の製造につながっていった。

若社長を焚き付けたのはS・F・エッジというバイクレーサーで、ネイピアのクルマ（6・5ℓの4気筒エンジン）は、エッジのドライブで1902年のパリーインスブルック間のゴードン・ベネット・トロフィで優勝、ブルックランズで1907年に24時間を平均105・89㎞／hで走破した。また1905年には、ドライバーはエッジでなかったがデイトナで時速168・41㎞／hの世界速度記録をつくって、栄光に輝いたのだった。ネイピアは市販車にも手を広げ、豪勢なツアラーやリムジンをつくり、いわば初期のロールズロイスのライバルの一つだったようだ。とくに成功したのが、4気筒エンジンで2輪駆動のコロニアル・ネイピアで、悪路に強く、大英帝国の海外領で広く使われた。あるイギリス人によれば「ランドローバーの先駆」なんだそうだが、誰も知らんよ、そんなクルマ。

おのれ、RR！

ところが第1次大戦が始まると、ネイピアは飛行機用エンジンという新しい分野に関心を移してしまう。当時のイギリスのエンジンの性能がどれも凡庸なのに業をにやしたネイピアは、自分の会社で画期的なエンジンの開発に着手した。つくり上げたのは、なんと4気筒ずつの3バンクをW型に配置

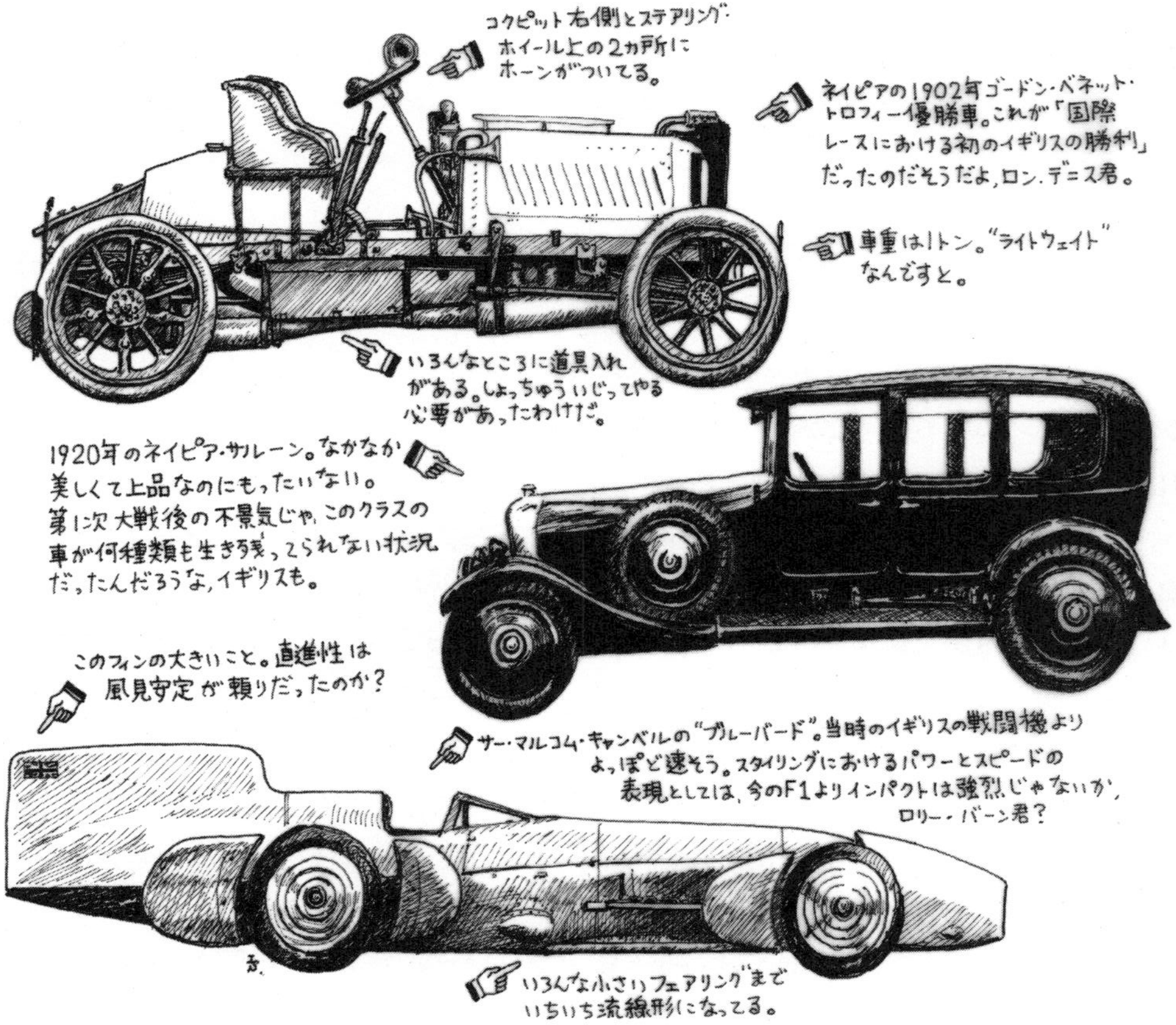
コクピット右側とステアリング・ホイール上の2カ所にホーンがついてる。

ネイピアの1902年ゴードン・ベネット・トロフィー優勝車。これが「国際レースにおける初のイギリスの勝利」だったのだそうだよ，ロン．デニス君。

車重は1トン。“ライトウェイト”なんですと。

いろんなところに道具入れがある。しょっちゅういじってやる必要があったわけだ。

1920年のネイピア・サルーン。なかなか美しくて上品なのにもったいない。第1次大戦後の不景気じゃ，このクラスの車が何種類も生き残ってられない状況だったんだろうな，イギリスも。

このフィンの大きいこと。直進性は風見安定が頼りだったのか？

サー・マルコム・キャンベルの“ブルーバード”。当時のイギリスの戦闘機よりよっぽど速そう。スタイリングにおけるパワーとスピードの表現としては，今のF1よりインパクトは強烈じゃないか，ロリー・バーン君？

いろんな小さいフェアリングまでいちいち流線形になってる。

した、W型12気筒、アルミニウム合金ブロックの24ℓ４バルブＤＯＨＣ液冷エンジン、ネイピア・ライオン。ライオンは第1次大戦に間に合わなかったが、当時としては非常に進歩的で、しかも４５０psも出たから、それはもういろいろな飛行機に採用されて、エンジンそのものも次々に発展型がつくられていった。

ライオンの成功に反比例するように、ネイピアはクルマへの興味を失っていき、１９２０年のＴ75サルーン（６・18ℓ直列6気筒アルミニウム合金ＳＯＨＣ85psエンジン）を１９２４年まで生産したのを最後に、自動車生産から手を引いてしまう。ロールズロイスの隆盛とは対照的だ。

しかしそれでネイピアのエンジンがイギリス自動車の栄光と無関係になったわけではなかった。ライオン・シリーズのレース用発展型、９００psのライオンＡをエンジンとするアービング・ネイピア・スペシャル「ゴールデンアロウ」が１９２９年に３７２㎞／hの世界速度記録を樹立したのだ。さらに１９３２年にはマルコム・キャンベルがスーパーチャージャーつきのライオンＤ（１３２０ps）を搭載した「ブルーバード」で４０８・７㎞／hに記録更新する。エンジン開発には、イギリス航空省が秘密裏に資金援助していたそうだ。

同時期、イギリス航空界も隔年のシュナイダー・トロフィ・レースで、イタリアやアメリカを相手に激闘をくりひろげていた。このトロフィは3回連続で優勝した国が永久保持できることになっており、イギリスは長年ネイピア・ライオンつきの機体を投入した。１９２７年に強敵イタリアを破って優勝したスーパーマリンＳ５もライオンを装備していた。イギリスは１９２９年のレースでもスーパーマリンＳ６で連勝、トロフィ保持に王手をかけたが、エンジンはロールズロイスのタイプＲ（Ｖ型12気筒）だった。ライオンＤつきグロスターもエントリーしたが、エンジンの熟成不足で出走できなかったのだ。

そして1931年のレースはライバルのイタリアが不出場、イギリスのスーパーマリンS6Bだけが参加して、不戦勝同然にトロフィを我が物とした。イギリスのシュナイダー・トロフィへの挑戦はネイピアが支えてきたのに、肝心の栄光はロールズロイスにさらわれてしまったわけだ。

H型24気筒の絶叫

第2次大戦前、ネイピア社は2000psクラスのエンジン開発に乗り出した。水平対向12気筒を2段に重ねた液冷H型24気筒スリーブバルブ36ℓのセイバーだ。このスペックを見てもわかるとおり、セイバーは化け物でしかも難物で、開発はえらく難航した。とくに問題だったのが、熱でスリーブバルブが歪んで潤滑不良を起こしてオーバーヒートとすることだった。しかも間もなく第2次大戦が始まると、セイバーは熟成不足のまま実用化せざるをえなくなった。おかげでこれを装備したホーカー・タイフーン戦闘機はエンジン不調でトラブルが続出し、一時は生産断念の寸前に追い込まれてしまった。

ネイピア社は、ブリストル社のスリーブ製造精度管理を導入したり、アメリカから高精度の工作機械を輸入したり（高速客船クイーン・メリーで運んだ）、何とか問題を解決したが、結局ロールズロイスのV型12気筒マーリンがイギリスの主力航空エンジンの座を占めたのだった。

ネイピア社は第2次大戦の寸前に、飛行機の速度記録の樹立を狙って、2300psにチューンしたセイバーを装備する機体を、弱小メーカーのヘストン社に製作させた。このネイピア・ヘストン・レ

絹の布を切り裂く音

ーサーは1940年6月、ドイツ軍のイギリス本土侵攻の危機迫る中で完成した。ところが初のテスト飛行では7分飛んだだけでオーバーヒート、緊急着陸しようとして接地寸前にエンジンが停止、クラッシュしてしまった。もちろん世界速度記録への挑戦もこれで打ち切られた。栄光はネイピアには輝かなかった。

第2次大戦後、レシプロ飛行機用エンジンの時代は急速に終わり、ネイピア社はヘリコプター用ガスタービンをちょっとつくったりもしたが、航空エンジン部門は政府の統合政策で1961年には宿敵ロールズロイスと合併させられてしまった。以後は別部門だけが船用の高速ディーゼルやターボチャージャーをネイピアの名で作り続けて、もはやすっかり地味なメーカーとなっている。そんなネイピアの最後の野心作セイバー・エンジンの爆音は、飛行機の本によると「絹の布を裂くような音」と形容されてる。セイバー装備の飛行機で飛行可能なものは、さすがのイギリスにも1機もないが、H型24気筒の爆音って聞いてみたくないか? レシプロエンジンの一つの究極か、ネイピアの意地の叫びか、きっとフェラーリの12気筒ボクサーのすくなくとも2倍はすごいと思うぞ。

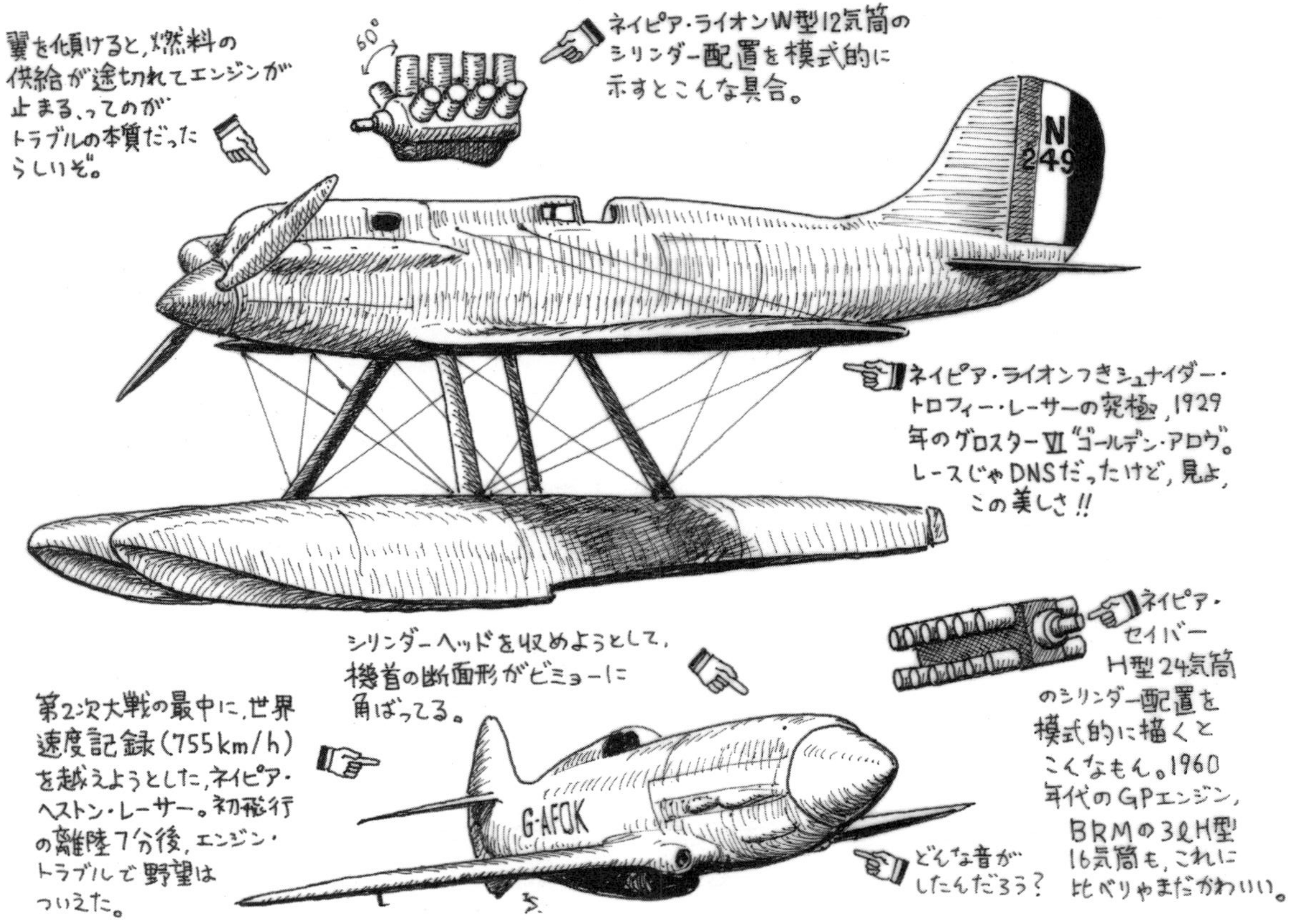

翼を傾けると，燃料の供給が途切れてエンジンが止まる，ってのがトラブルの本質だったらしいぞ。
60°
ネイピア・ライオンW型12気筒のシリンダー配置を模式的に示すとこんな具合。
N 249
ネイピア・ライオンつきシュナイダー・トロフィー・レーサーの究極，1929年のグロスターⅥ"ゴールデン・アロウ"。レースじゃDNSだったけど，見よ，この美しさ!!
ネイピア・セイバーH型24気筒のシリンダー配置を模式的に描くとこんなもん。1960年代のGPエンジン，BRMの3ℓH型16気筒も，これに比べりゃまだかわいい。
シリンダーヘッドを収めようとして，機首の断面形がビミョーに角ばってる。
第2次大戦の最中に，世界速度記録（755km/h）を越えようとした，ネイピア・ヘストン・レーサー。初飛行の離陸7分後，エンジン・トラブルで野望はついえた。
G-AFOK
どんな音がしたんだろう？

第3章

第20話

〝パスファインダー〟のフェアソープ

〜「ベネットって、あのベネットか？」

無名だし、かっこわるいし

若旦那が酢豆腐を賞味し、自動車雑誌がTVRを誉めたたえる今日このごろ、自動車スノッブを自負する方々は、そろそろイギリスのスペシャリストのつくるマイナースポーツカーについても一家言なくてはならないのではないか、とお思いではないでしょうか。

ところが、イギリスのマイナースポーツカーというと実にたくさんあって、この世界は一度踏み込むとはい上がれない、一種の冥府魔道。そういう無数の英国弱小スポーツカーのなかで、妙に印象に残ってるのが一つある。幼少期に「世界の自動車」だとかいうようなカタログ本に載っていたフェアソープだ。

なにしろ当時は、垂直尾翼の生えたダッジが世界一すごいと信じてた（信じてられた）から、イギリス車なんか一つもかっこいいと思えなくて、フレイザー・ナッシュ・セブリングやジャガーXK120にすら、特に感銘を受けなかったものだ。だからフェアソープも、変な顔でかっこわるい……と思ったのだが、それでもそこはかとない可愛げが記憶に残った。人間はエンスージアストとして生まれてくるのではない、エンスージアストになるのだ、あるいは単なる俗物に。

ところがそれから40年、フェアソープの創始者がベネットという元イギリス空軍少将だということを、立風書房の『英国マイナー・スポーツカー・カタログ』で知った。そして、しばらく後になってハタと気づいた。

「ベネットって、あのベネットか?」。そう、第2次大戦のイギリス空軍のベネット少将は、「あのベネット」というくらいの人物なのだ。

親子飛行艇

ドナルド・C・T・ベネットは、1910年にオーストラリアのクイーンズランド州、トゥーウーンバの牧畜業の家に生まれた。

1930年にオーストラリア空軍の士官候補生となり、操縦訓練を受けた後にイギリス本国に渡ってイギリス空軍に転籍、最初は戦闘機部隊に配属されるが、次いで飛行艇部隊を希望して転属する。敏捷な戦闘機から鈍重な飛行艇への転換は意外だが、ベネット本人としては、できるだけ多様な種類の飛行機を体験したかったのだそうだ。

ベネットは1934年にイギリス~オーストラリア間の長距離飛行機レースに出場、中古のロッキード・ベガ単発機に航法士として乗り組んだ。ところが脚のサスペンションの故障で、シリアのアレッポで着陸に失敗、機体は大破し、ベネットは脊椎骨折など重傷を負ってしまう。怪我の完治には数カ月を要したが、事故の2週間後には部隊に復帰して訓練教官として飛行任務についている。懲りな

〝パスファインダー〟のフェアソープ

いたちなんだな。

翌年、ベネットはイギリス空軍を退役。別に何が不満というわけではなく、別のことがしたくなったらしい。航空航法の教本を書いたりもしたが、結局1936年にイギリスの航空会社、インペリアル・エアウェイズ（今日のBAの祖先）のパイロットの職につく。

当時の長距離旅客機は、滑走路の制限なしに燃料を大量に積める飛行艇が主流だった。ベネットは空軍での飛行艇の経験と、航法に関する豊富な知識と技量を買われて、地中海経由アフリカ路線やシンガポール経由オーストラリア路線の機長となった。

さらにベネットはインペリアル・エアウェイズが大西洋横断輸送の実用化のために開発した親子飛行艇マイアとマーキュリーの、マーキュリーの方の機長となる。マーキュリーは小型の四発水上機で、乗客は乗せられないが、郵便物や少量の貨物に限れば、これで大西洋横断航空輸送が可能というわけだ。

1938年7月20日、ベネットのマーキュリーはマイアの背中から発進、カナダ経由でニューヨークに到着、熱烈な歓迎を受ける。当時としては壮挙だったのだな。

エリート爆撃隊司令官

しかし、平和な時代は間もなく終わり、第2次大戦に突入したイギリスは空軍力拡張のためにアメリカから大量の航空機を購入する。それらを大西洋を越えてイギリスまでフェリーする計画管理に選ばれたのがベネットだった。

さらに1941年、少佐の階級で空軍に呼び戻され、爆撃飛行隊の隊長になる。イギリス空軍の爆

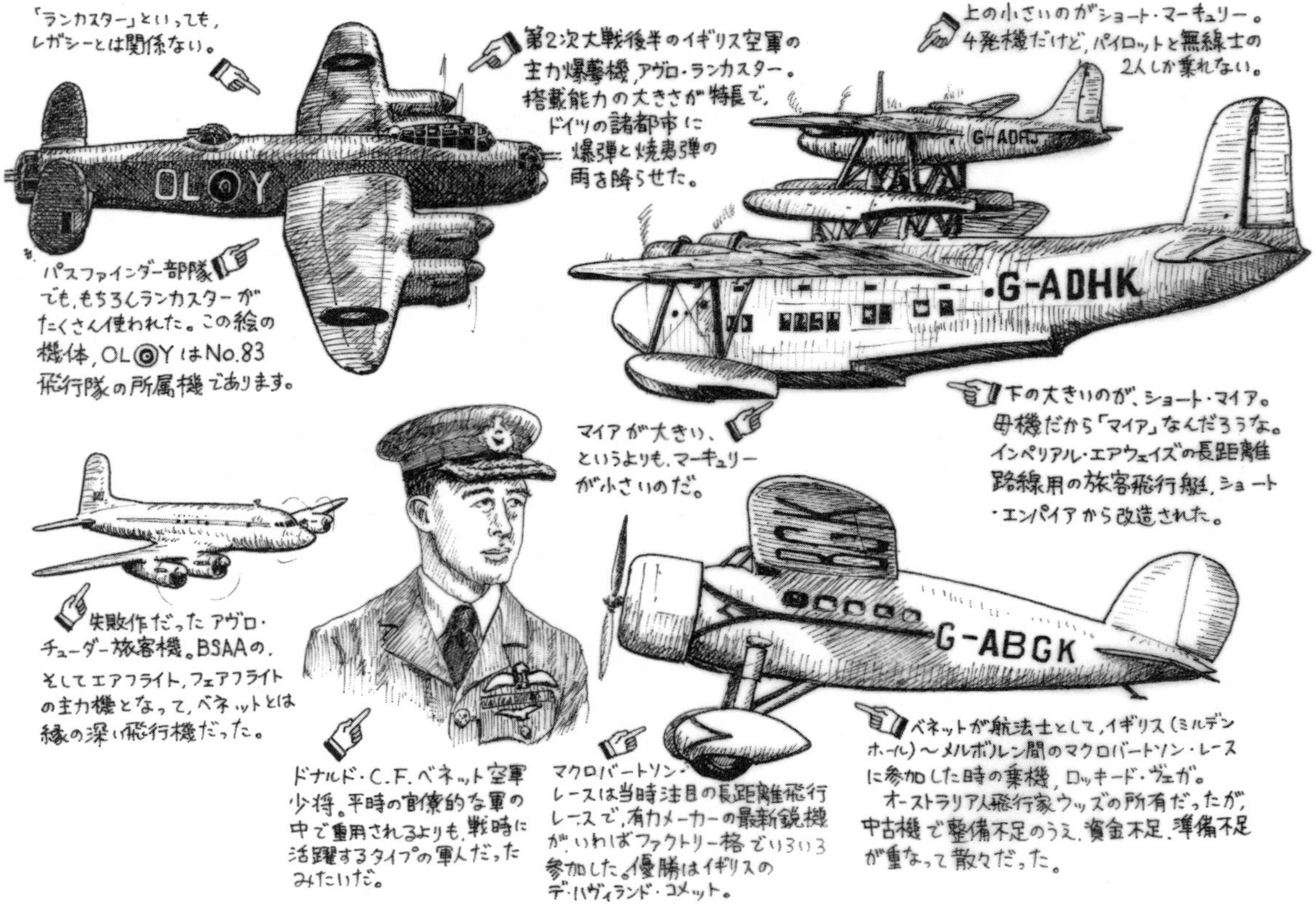
「ランカスター」といっても、レガシーとは関係ない。

第2次大戦後半のイギリス空軍の主力爆撃機、アヴロ・ランカスター。搭載能力の大きさが特長で、ドイツの諸都市に爆弾と焼夷弾の雨を降らせた。

パスファインダー部隊でも、もちろんランカスターがたくさん使われた。この絵の機体、OL◎YはNo.83飛行隊の所属機であります。

上の小さいのがショート・マーキュリー。4発機だけど、パイロットと無線士の2人しか乗れない。

G-ADHJ
G-ADHK
下の大きいのが、ショート・マイア。母機だから「マイア」なんだろうな。インペリアル・エアウェイズの長距離路線用の旅客飛行艇、ショート・エンパイアから改造された。

マイアが大きい、というよりも、マーキュリーが小さいのだ。

失敗作だったアヴロ・チューダー旅客機。BSAAの、そしてエアフライト、フェアフライトの主力機となって、ベネットとは縁の深い飛行機だった。

ドナルド・C.F.ベネット空軍少将。平時の官僚的な軍の中で重用されるよりも、戦時に活躍するタイプの軍人だったみたいだ。

マクロバートソン・レースは当時注目の長距離飛行レースで、有力メーカーの最新鋭機が、いわばファクトリー格でいろいろ参加した。優勝はイギリスのデ・ハヴィランド・コメット。

G-ABGK
ベネットが航法士として、イギリス（ミルデンホール）〜メルボルン間のマクロバートソン・レースに参加した時の乗機、ロッキード・ヴェガ。

オーストラリア人飛行家ウッズの所有だったが、中古機で整備不足のうえ、資金不足、準備不足が重なって散々だった。

“パスファインダー”のフェアソープ

撃機部隊はドイツ本国に対する唯一の攻撃手段として、大きな期待がかけられたのだが、兵力は少なく、しかも装備も訓練も弱体だった。経験ある有能なパイロットが求められていたのだ。ベネットは1942年4月にはノルウェーでドイツ戦艦の爆撃に行って撃墜され、レジスタンスに救出されるという体験をする。

帰国後、ベネットは爆撃部隊総司令官ハリス大将から、新設の〝パスファインダー（爆撃先導部隊）〟の指揮権を与えられる。当時のイギリスの爆撃機は性能劣悪で、昼間飛んだのではドイツ空軍に撃墜されるばかり。いきおい夜間爆撃を主とするようになるのだが、今度は航法が難しくてろくに目標に到達できないうえに、爆撃も不正確で効果が上がらない。そこで腕利きの乗員を集めて、先導部隊をつくり、まずこの部隊が目標（つまりこの場合ドイツの都市や大工場なのだが）に照明弾を投下、普通の部隊の爆撃機はそれを目がけて爆弾を落とす、という戦法が考え出された。

第8爆撃グループ〝パスファインダー〟は1942年の8月から実戦投入され、次第に大きな成果をあげるようになる。ベネットは電波航法装置やレーダーの開発にも実戦部隊側として尽力し、イギリス空軍の夜間爆撃はルール工業地帯やベルリンなど、ドイツ各地の戦略目標に甚大な損害を与えていく。

しかしエリート部隊〝パスファインダー〟は、通常部隊からの羨望や妬みの的となり、ベネット自身も民間航空での活躍や空軍復帰後の率先指揮ぶり、軍の官僚主義に対する反発が、他の指揮官から疎まれる原因をつくってしまう。ベネットは連合軍航空作戦の成功に大きく貢献したのに、空軍上層部や同僚からのウケは必ずしも良くなかったようだ。

XK120が来ちゃった

ベネットは少将に昇進して終戦を迎え、すぐに退役、英国南アメリカ航空（BSAA）という会社の重役に任ぜられる。しかし主要機材のアヴロ・チューダー旅客機が失敗作で事故が連続、ベネットは詰め腹を切らされる形でBSAAを辞し、自らエアフライトという航空会社を興し、ベルリン空輸で実績を上げる。さらに1949年にはチャーター専門の新会社フェアフライトを作り、イスラム諸国からのメッカへの巡礼輸送で成功する。

ベネットは自ら操縦桿を握り、社員とともに機体整備にも働いて、ここでも率先垂範するのだが、パキスタンのカラチでの乗員送迎用としてジャガーを1台発注する。ところがサルーンを注文したはずが、届いたのはXK120！　ベネットはこのジャガーをイギリスに持ち帰り、RACラリーに出場、なんと4位に入賞してしまう。ベネットは妻や息子をコ・ドライバーに、この後5年連続でモンテカルロラリーにエントリーしている。

どうやらこれでベネットはクルマに目覚めたらしく、1951年にフェアフライト社を売却、翌年にフェアソープ社を設立して、チャルフォント・セントピーターズの小さな工場で生産を開始する。

1959年のモンテカルロラリーにベネット本人の運転でカーナンバー206をつけて、夜の雪道を走るフェアソープの写真もある。それでもベネットは完全に飛行機を忘れたわけではなく、小型飛行機フェアトラベル・リネットを製作するが、資金不足で7機しか生産されなかった。

ドナルド・ベネットは1986年9月14日に世を去った。イギリス空軍教会での追悼の会には、かつての〝パスファインダー〟部隊の隊員たちや、BSAAの社員が多数参列したそうだ。

“パスファインダー”のフェアソープ

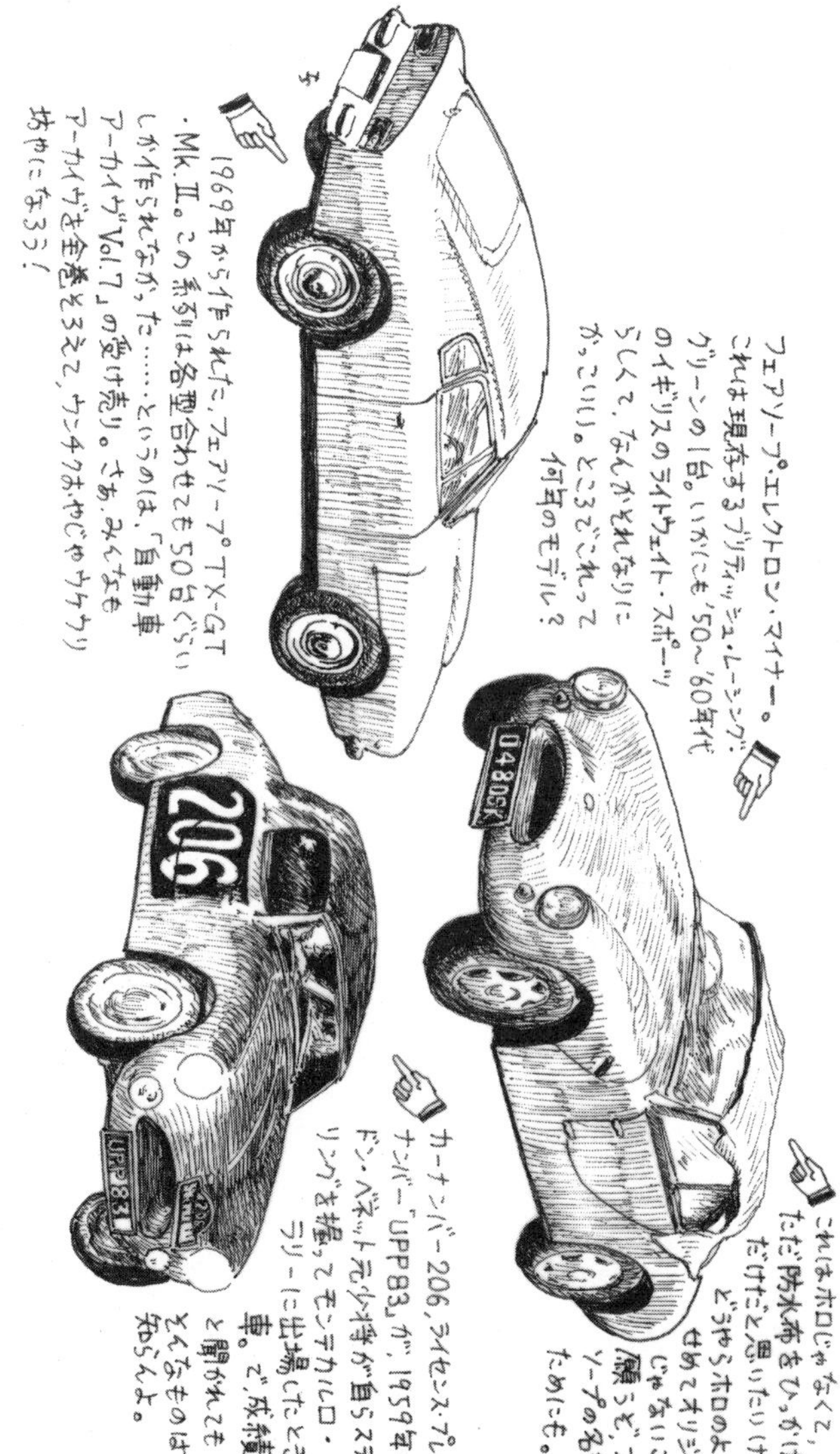
フェアソープ・エレクトロン・マイナー。これは現存するブリティッシュ・レーシング・グリーンの1台。いかにも'50～'60年代のイギリスのライトウェイト・スポーツらしくて、なんかそれなりにかっこいい。ところでこれって何年のモデル？
これはホロじゃなくて、ただ防水布をひっかけただけだと思ったりけど、どうやらホロのようだ。せめてオリジナルじゃないことを願うぞ、フェアソープの名誉のためにも。
048OSK
1969年から作られた、フェアソープ TX-GT・Mk.Ⅱ。この系列は各型合わせても50台ぐらいしか作られなかった……というのは、「自動車アーカイヴVol.7」の受け売り。さあ、みんなもアーカイヴを全巻そろえて、ウンチクおやじやウケウリ坊やになろう！
カーナンバー206、ライセンス・プレート・ナンバー「UPP83」が、1959年にドン・ベネット元少将が自らステアリングを握ってモンテカルロ・ラリーに出場したときの車。で、成績は、と聞かれても、そんなものは知らんよ。
206
UPP83

第3章 お名前をどうぞ

第21話 ～ヒコーキの名前をいただいたワケ

悶絶する珍名……

「猫の名付けが難問題だ、お休みの日の遊びのようにはなかなかいかない」（T・S・エリオット『おとぼけおじさんの猫行状記』二宮尊道訳）のだが、人間にとっちゃ、自分のつくったものに名前をつけるのも、けっこう大変なことなのだ。

子供の名前なんぞだって、関係各方面の調整を図っておかないと、本家の某が怒ったの滑ったのの騒ぎになる。ましてやクルマのニューモデルの名前を捻り出すのに、行ったこともない国の、読めもしなければ話したこともない言語から単語を探してこなくちゃならない人達の苦労たるや、その如何ばかりなることか。

だから、必死に思いついたネーミングが、会社の名前と何の脈絡もなかったり、ネイティブ・スピーカーが聞いたら悶絶するような珍名になったり、あるいは外国のクルマのパクリになったとしても、あげつらっちゃいけないのだ……あげつらいたいけど。

お名前をどうぞ

番号なんかで呼ぶな

そんな苦しみを逃れる方法が一つある。

Sクラスだの3シリーズだの、ナンバーと記号で名前を済ましちゃうのだ。もっと楽がしたければ、一つのモデルナンバーで延々とつくり続ければよろしい。ただしその場合は「911」以外の数字を使うこと。

こういう無愛想な名前というか番号をつけて気が済んじゃうのは、どうもドイツ人の特徴かもしれない。さすがに近ごろじゃ、ポロだのパサートだの小洒落た名前をつけるメーカーも現れたが、それ以外にドイツでフォーカスとかザフィーラ（何語だ？）とか命名するのは、アメリカ系メーカーぐらいのものだ。

この特徴は何もクルマに限らない。ドイツ人は乗り物を番号や記号で呼ぶだけで納得できる人種らしい。蒸気機関車だって、アメリカ人が超大型機関車に「ビッグボーイ」と名付けたり、イギリス人が「フライング・スコッツマン」（君じゃない、君じゃないよ、デイビッド・クルタード君）のネームプレートをつけたりする一方、ドイツ人は「01」としか呼ばない。潜水艦もドイツだとUの後に番号がつくだけ。イギリス海軍にはスターレットとかサファリなんていう潜水艦があったのに。

飛行機もそうだ。ドイツ空軍の主力戦闘機はメッサーシュミットBf109にフォッケウルフFw190、メーカーを表す記号（Bfはバイエルン飛行機製造会社の略。後にMeに改まる）と設計番号で呼ばれて、ニックネームはなし。これで愛機に感情移入できたんだろうか。あるいはドイツ空軍パイロットにとっては、乗機はただの機械、道具だったんだろうか。

それに比べて、イギリスは記号とか番号は一切なしで、いきなりスピットファイアとかハリケーン

ところが、ただの記号や数字が、(ある種の)ドイツ人の手にかかると、ヘタな名前以上に神秘性をおびてくるから、20世紀の世の中って不思議なものだ。
SSK, W156, 300SLR, 356, 908, 917……
そして956, 962。これはル・マン1982年のウィナー、J.イクス/D.ベル組の車。

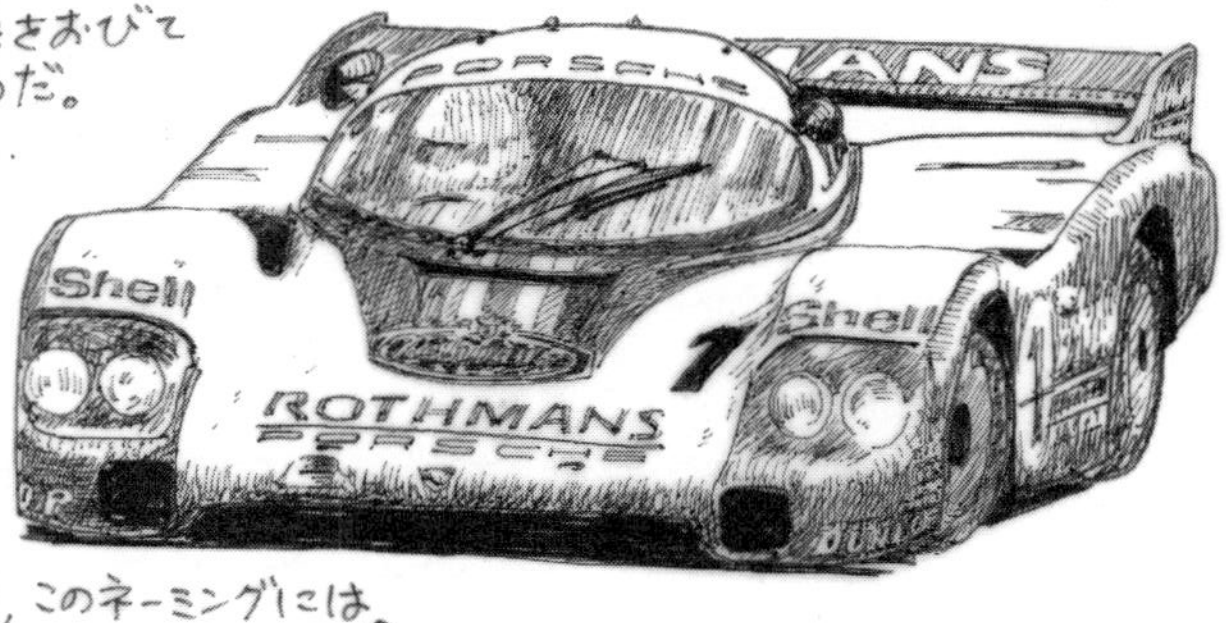

これのどこをどう見れば、"ペギー"なんて女性名で呼べるんだ? ブリストル・ペガサス空冷星型9気筒エンジン。

排気量28.7ℓ、出力はモデルによっていろいろだけど、代表的な例としては1,065ps/2,600rpmだから、性能はたいしたことない。

発表当時、このネーミングには子供心でも「なんで?」と思ったもんだ。そりゃ"小公子"の主人公はセドリックだけど、イギリスじゃあくまでも単なる人名だ。「いさく」なんてクルマに貴方は乗りたいか?
そういえば、サー・セドリック・ハードウィックっていう俳優がいたっけ。

でも、このスタイル、子供心にはゴージャス至極に見えたもんだ。そんな時代だったのさ、20世紀中期後半の日本なんてさ、ハハ。

とか名前をつけてしまうから対照的だ。

戦闘機には猛々しいような速いような名前、爆撃機にはランカスターやウェリントンのように地名、という具合に、機種の区別も名前の意味でつけていた。しかも乗員たちはそれだけで足りずに、ランカスターなら「ランク」、ウェリントンなら「ウィンピー」とさらにあだ名をつけて呼んでいた。飛行機を何だと思っていたんだろう。相棒か？　愛馬か？

ついでにいうと、イギリス人は飛行機のエンジンにまで名前をつけてる。ロールズロイス社はイーグルやバルチュア（ハゲタカ）など猛禽類の名前、ブリストルはペガサスやパーシュースといったギリシャ神話の名前。イギリス人にとってはエンジンですら道具や機械以上の何かだったらしいぞ。しかもブリストル・ペガサス空冷星型エンジンは、整備員やパイロットから「ペギー」とあだ名までつけられている。古今、ニックネームのついたエンジンって他にあるか？　いや、エンジンにあだ名をつける連中が他にいるか？

「速い」から「風紀委員」へ

そのイギリス人が、実は第2次大戦前まではクルマに対して妙にぶっきらぼう。クルマに名前をつけた形跡があんまりないのだ。大衆車はオースチン・（ただの）セブンだし、モーリスはブルノーズなんていう形態名。さすがにロールズロイスはファントムやレイスとか麗々しくも神秘的な名前がついたが、ボクスホールだと30／98という数字、ベントレーに至っては「スピードシックス」。それってつまり「速い6気筒」というだけのことじゃないか。あの時代において、あれだけ強烈な性能と個性を持ってたクルマを呼ぶのに、単に「速い6気筒」とは、飛行機に寄せるロマンティシズムとはえらい違いだ。

それが戦後も１９５０年代になると、イギリスのクルマにもいろいろな名前がつくようになる。大衆車のオースチンは相変わらずＡ40なんて記号と数字だけど、ヒルマンはミンクス（お転婆……日本じゃすでに死語だな）、フォードはプリフェクト（パブリックスクールの風紀監督生、ローマ帝国の属州総督）などのモデル名が現れる。

面白いのは、アームストロング・シドレー。この会社は第2次大戦前には航空機用にチーターとかタイガーといった空冷星型エンジンをいろいろつくってたし、同じ系列のアームストロング・ホイットワース社は、大戦前のアーゴシー旅客機や大戦初期のホイットレー爆撃機で名を挙げた、中堅クラスの飛行機メーカーだった。そのアームストロング・シドレーのサルーンに、タイフーンやランカスターといった第2次大戦当時の戦闘機や爆撃機の名前がついている。

しかも１９４９年からはホイットレーの名を持つサルーンまでつくられるようになる。戦後間もないころだから、当然人々の記憶にはホイットレー爆撃機がまだ鮮明に残っていただろうから、明らかに自社の飛行機の威光に頼ったネーミングだ。ただしホイットレーは信頼性こそ高かったものの、性能的には鈍くさい飛行機だった。

逆に、戦後になって自動車商売に乗り出したブリストル社は４０１という数字でクルマを呼んでいて、ボーファイターやブリガンドと自社の飛行機の名前を利用するようになるのは、もっとずっと後のことだ。まあ、初期のブリストルは戦前のＢＭＷのパクリみたいなもんだから、気がひけたのかもしれないな。

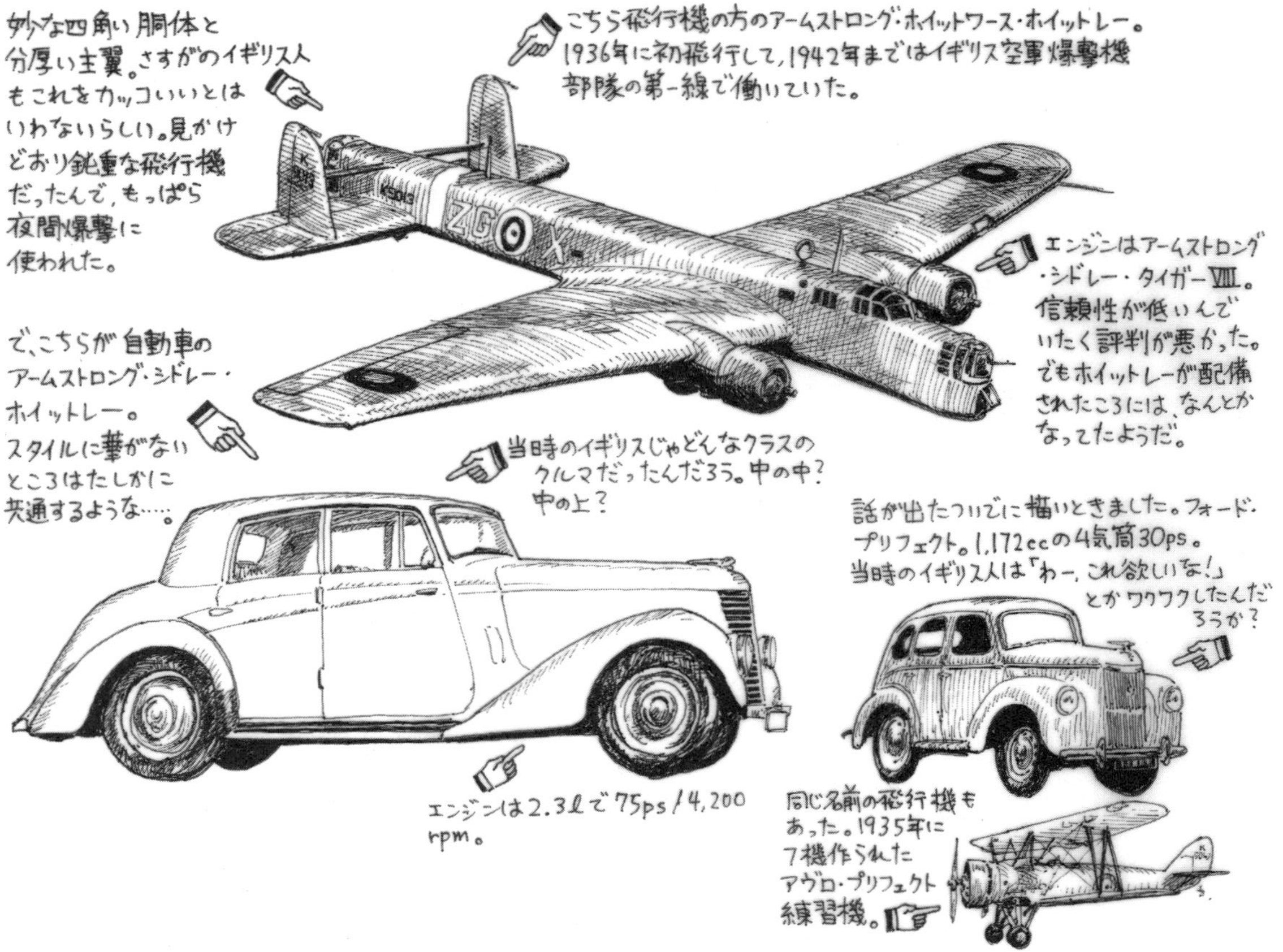
妙な四角い胴体と
分厚い主翼。さすがのイギリス人
もこれをカッコいいとは
いわないらしい。見かけ
どおり鈍重な飛行機
だったんで、もっぱら
夜間爆撃に
使われた。
こちら飛行機の方のアームストロング・ホイットワース・ホイットレー。
1936年に初飛行して、1942年まではイギリス空軍爆撃機
部隊の第一線で働いていた。
エンジンはアームストロング
・シドレー・タイガーⅧ。
信頼性が低いんで
いたく評判が悪かった。
でもホイットレーが配備
されたころには、なんとか
なってたようだ。
で、こちらが自動車の
アームストロング・シドレー・
ホイットレー。
スタイルに華がない
ところはたしかに
共通するような……。
当時のイギリスじゃどんなクラスの
クルマだったんだろう。中の中？
中の上？
エンジンは2.3ℓで75ps/4,200
rpm。
話が出たついでに描いときました。フォード・
プリフェクト。1,172ccの4気筒30ps。
当時のイギリス人は「わー、これ欲しいな！」
とかワクワクしたんだ
ろうか？
同じ名前の飛行機も
あった。1935年に
7機作られた
アヴロ・プリフェクト
練習機。

パブリック・リレーションズ

第2次大戦後のイギリスにとっては、自動車は期待の輸出商品だったらしい。今では想像しにくいが、20世紀のうちにはそういう時代もあったのだ。たとえば、1950年のイギリスの乗用車生産台数52万2515台のうち、輸出されたのは75パーセント以上の39万7688台だった。

クルマに名前をつけるようになったのは、外国の市場で訴求力をつけるのに、洒落た車名があった方が有利と思ったのかもしれない。でもライレー・パスファインダー（第20話参照）やボクスホール・ワイバーン（翼のある竜）といった名前が、イギリス人以外にインパクトを持つとも思えないが。あるいは、いよいよ自動車が大衆化して、大衆向けの乗用車の種類が増えて、一般ピープルも、「買える唯一のクルマを買う」から「いろんなクルマのなかから欲しいのを選ぶ」といった時代になりかかったのかもしれない。

当時のイギリスじゃ、国産新車の値段が高くて、納入も遅かったらしいから、大衆がクルマを持つのはまだまだ大変だったはずだ。それでも「直列8気筒」とか「速いタイプ」といった以上の具体的なイメージを、クルマにまとわせる必要が出始めた時代だったんだろう。

大西洋の向こう側のアメリカでも、1950年代あたりから、車のモデルが増えて、いろんな名前が現れてくる。そのときに便利だったのが、速さや敏捷性を象徴する飛行機の名前だったわけだ。というのは第2章第10話に書いてございます。

第4章

「飛行場が先だった」

［第22話］
🚗ネイピア6気筒
🚗チティチティ・バンバン
✈ヴィッカース・ヴェローレ

［第23話］
🚗ブロワー・ベントレー
🚗ネイピア・レイルトン
✈ホーカー・ハリケーン
🚗オースチン・スーパーチャージド
✈ヴィッカースVC10
✈ヴィッカース・ヴァイカウント
✈ヴィッカース・ヴァンガード

［第24話］
🚗フレイザー・ナッシュ・セブリング
🚗ウィリアムズFW11Bホンダ
✈ジェネラル・ダイナミックスF-111
✈コンソリーテッドB-24 “リベレーター”
🚗ロータス・エリート
✈スーパーマリン・スピットファイア
🚗トヨタ・カローラ
🚗トヨタ・アヴァンシス
🚗日産マキシマ
🚗日産フェアレディZ
🚗シャパラルC2

［第25話］
✈スーパーマリン・スピットファイアMk.I
✈ホーカー・タイフーンMk.Ib
🚗メルセデスベンツSLR
🚗パンアール・ルヴァッソール
🚗ベントレー4 1/2ℓ
🚗ジャガーCタイプ
🚗ジャガーDタイプ
🚗アルファロメオ159
🚗ロータス25
🚗ロータス49
🚗ロータス72
🚗フォードGT40
🚗シャパラルI
🚗ポルシェ917
🚗ポルシェ908-3
🚗トヨタ7
🚗BRM P578
🚗イーグル・ウェスレイクV12
🚗JPSロータス72E
🚗ホンダRA301
🚗ロータス100Tホンダ
🚗アルファロメオ12C-37
🚗ティレル002
🚗ウィリアムズFW11Bホンダ
🚗ティレルP34
🚗BARホンダ003
🚗トヨタTF102
🚗マクラーレンM8B
🚗シャパラル2H
🚗ホンダRA301
🚗ホンダRA302
🚗マクラーレンM1C
🚗ローラT163
🚗アルファロメオ・ティーポ33
🚗アルトンマーチンDB3R
🚗HWMジャガーGTクーペ
🚗ヴォワザンC28
🚗タトラT87
✈BAeホーク

第4章

第22話

ヘンリーⅧ世のお狩り場

～栄光のブルックランズ（その1）

男爵家の息子

クルマとそれにまつわるロマンティシズムに、強く結び付く地名というものがある。いうまでもなくルマン、たとえばディアボーン、さらにアストン・ダウン、フラミニア街道、そして鈴鹿。しかしクルマと飛行機の両方に深い縁のある地名となると、イギリスのブルックランズ以外にはたしてあるだろうか。

ロンドンから高速道路に乗ってちょっと行ってから右に曲がって、また右に曲がってしばらく真っすぐ行くと（断っておくが筆者は方向オンチだ）、左側にサリー州ウェイブリッジのブルックランズがある。ヘンリーⅧ世のお狩り場だったこともあるこの土地に、地主である男爵家の息子、ヒュー・フォーテスキュー・ロック・キングが1906年、自動車のテストコースをつくろうと思い立ったのだ。

ロック・キングはこの年、ヨーロッパに旅行してタルガフローリオとフランスGPを観戦し、がっかりしてイギリスに帰ってきた。どちらのレースにもイギリス車が1台も出場していないのだ。当時のイギリスの上流階級の男子にとって、自動車レースに自国の栄光が輝かないのは我慢がならなかっ

ヘンリーⅧ世のお狩り場

たんだろう。それも実は無理のないことで、ヨーロッパ大陸では公道での自動車ロードレースが盛んに行われていたのに、イギリスだけはなおも自動車に20マイルの速度制限が課されていて、速いクルマなんかつくりようがなかった。

ロック・キングは周りのエンスージアストと語らって、コースの構想を固めていった。その中にセルウィン・エッジという人がいて、どうせつくるなら観客からコースのほとんどが見えるようなレイアウトがいい、と言い出した。そんなこんなでロック・キングは私財15万ポンドをはたき、陸軍工兵隊の手も借りて、全長5・23キロのタマゴ型のコースを作り上げた。名物は高さ10メートルに及ぶ「メンバーズ・バンク」。サーキットの内側には平坦な草地がひろがっていた。

ブルックランズでの偉業

1907年6月17日、ついにブルックランズは正式にオープンした。初めから自動車用コースを目的として建設された、世界初のサーキットが誕生したのである。

コケラ落としの走行会でダラックがバンクで見せた90マイルのスピードも、20マイルのクルマばかり見てきた人々を驚かせたが、イギリス国民を沸き立たせ、ブルックランズの名をとどろかせたのは、セルウィン・エッジが6気筒ネイピアで24時間高速耐久走行に成功したことだった。エッジときたら自分一人で24時間を走りきり、平均速度106キロ。夜間はどうしたんだと思ったら、コースにランプを並べたんだそうだ。20世紀人は無茶をするなあ。

それからほぼ1年、ブルックランズは（少なくともイギリスの）歴史に残る場所となる。イギリス映画「素晴しきヒコーキ野郎」の撮影もブルックランズだったんだろう。

こちらに見えますのが～、世界初の自動車専用レースコース、ブルックランズ、でございます～。北側のウェイブリッジ方向の上空から見たところ。広いコース幅と単純なレイアウト。手前が名物"メンバーズ・バンク"になる。

たぶんこの方向が前だろう。⇨

イギリス初の国産飛行機、A.V.ロウの複葉機。エンジンが6馬力だったころの姿。……実はこれを描いてても、飛行機の絵っていう実感がほとんどないんですけど……なんだかシーツを干してる物干し台を描いてるような気分。

この巨大な燃料タンク。コケたらもう最期だな。

セルウィン・エッジのネイピア6気筒。これで24時間、100km/hで走り続けたんだぞ、しかも1人で!!

フロントのフェンダーは布製だったりする。

第4章 第22話

ヘンリーⅧ世のお狩り場

初の国産機による飛行が行われたのだ。きっかけをつくったのは、ブルックランズ自動車レースクラブ。ここが1907年内にコースを1周飛行したら賞金を出す、と公言した。さらに2つの新聞社が、飛行機で1マイル以上の距離を飛んだら製作者に賞金、という懸賞を出した。

それにつられて、アリオット・ヴァードン・ロウという飛行機研究家がロンドンから自作の飛行機をブルックランズに持ってきた。彼の飛行機は馬力不足で、仲のいい自動車愛好家たちに直線コースで引っ張ってもらうと一応離陸するのだが、自力ではうまくいかない。エンジンがたった6馬力だからな。しかし1908年5月にフランス製の24馬力エンジンを手に入れ、機体に改良を加えた後、6月8日の早朝、ついにA・V・ロウの飛行機は自力で地面を離れたのだった。ただし高度は1メートル足らず。情けないんで、ロウ自身もしばらく自慢しなかったくらいだ。

この飛行は後に、持続的でなかったという理由からイギリス初の国産機の飛行とは認められないことになったが、翌年にA・V・ロウは新たな機体で持続飛行に成功しているから、まあ結果的には同じことだ。イギリスの航空の歴史は、自動車レース場で自動車レース愛好家の後押し（いや、引っ張ったんだが）で始まったわけだ。

とはいえ、自動車愛好家たちはともかく、コース運営責任者のE・ロダコウスキーは飛行機が嫌いで、ロウに対して1908年のレースシーズン前に飛行機小屋をストレート脇からもっと離れたところに移して、色も目立たないダークグリーンに塗り直せと命じたくらいだった。

アーミスティス・デイの前後

しかし翌1910年、ブルックランズのコース内の草地は飛行場に改修され、いよいよイギリス航空界の中心地となっていく。

A・V・ロウに続いて、やはり名高い飛行機製造家のソッピーズもここを拠点とし、さらには軍艦から機関銃まで作る巨大兵器メーカーのヴィッカース社（日本でいえば昔の三菱重工みたいな？）もブルックランズに飛行学校を設け、さらには近くの町ウェイブリッジに飛行機部門と工場を設立した。

しかも当時のイギリスで、自動車レースを楽しむほどの新しいもの好きは、ブルックランズに来たついでに飛行機なるものにも乗ってみたがったらしく、1911年にはイギリス初の航空券販売窓口もここにつくられたのだった。もちろん自動車もブルックランズを駆け回り、世界速度記録がここでつぎつぎに塗り替えられ、1913年には初めて自動車で時速100マイルの壁が破られた。

第1次大戦が始まると、さすがに自動車レースどころではなくなったが、飛行機の方はいろいろな機体がここブルックランズで続々と開発され、初飛行していった。こうして戦争の間にガソリンエンジンと飛行機と自動車は大きな進歩を遂げ、終戦の後、思わぬカタチでブルックランズに帰ってくるのである。

というのは、戦後余剰となった航空機用の大型エンジンが軍から放出され、それに目をつけたレース愛好家が自分の車にそれらのエンジンを取り付けるようになったのだ。そんな怪物じみた車が性能を発揮できるコースは、ヨーロッパにもイギリスにも一つしかない。長いストレートと強烈なバンクを持つブルックランズだ。

〝チティチティ・バンバン〟

そのころの愛好家の中でも有名なのが、ポーランド伯爵とアメリカ人の母親の間に生まれたルイス・ズボロウスキーだった。1921年のブルックランズ・イースターデイ・ミーティングに初めて出場した愛車「チティチティ・バンバン」は2つのレースに優勝したのだった。

そもそもブルックランズに到着したとき、ズボロウスキーの「チティ」は、不細工な4座のボディに、ストーブ煙突のような変な排気管を取り付けて、レースのハンデイキャップ設定員を含めて誰の目にもまともな車には見えなかった。ズボロウスキーのメカニックたちは皆てんでに派手な服で身を固めてるし、どうみてもイロモノだったのだな。

ところがレースになるとそれが一変、ダックテールの2シーターとなり、ラジエーターにもカウリングがついて、やたらレイシーになってたから、余計に勝ちっぷりが粋だった。

この時の初代「チティチティ・バンバン」は、メルセデスベンツのシャシーに、ドイツのマイバッハ製23リッター6気筒航空機エンジンを搭載、チェーンで後輪を駆動するという、かなり乱暴なクルマだった。ズボロウスキーはこの後も3台同様のクルマを作製して、みんなこの名前で呼ばれた。

「チティチティ・バンバン」というと、誰しもイアン・フレミング作の童話と主人公のクルマ、およびその映画と主題歌を思い浮かべるが、このズボロウスキーの怪物が本家本元ということになる。名前の由来は不揃いなエンジン音、と考えられがちだが史実はどうも違う。第1次大戦当時の兵士の愛唱歌で、休暇でパリに羽目を外しにいくという歌の歌詞から採られたものだそうだ。

前後の重量配分とか
ハンドリングとかは
考えたくもないぞ。

ここにマイバッハ24ℓ6気筒エンジンが入ってる。
6気筒…ということはシリンダー1個で4ℓ！
中くらいの寸胴ナベぐらいの容量がある
わけで、つまり今のF1のエンジンより大きい。

ボートテールが
粋だ。

チェーンで後輪を回すのか！

ルイス・ズボロウスキーの“チティチティ・バンバン Chitty Chitty Bang Bang”
の初代。スペルからしても「チキチキバンバン」ではないぞ。

ブルックランズには広い草地があるし、長いストレートも滑走路に
使える。だけど端には木立ちがあるし、飛行場の草地の東端
には肥溜めがあって、離着陸は油断がならなかった。

ブルックランズで初飛行
した多くのイギリス機の
一つ、ヴィッカース・ヴェローレ
長距離郵便/貨物機。
1928年5月に飛んだ。悪い
機体じゃなかったんだけど、
なにしろエンジンが1基だけ。
オーストラリアへの試験飛行の
途中、エンジンが故障して、
ワニがうようよいる海岸に
不時着した。乗員は無事だった。

第4章

第23話

ブリティッシュ物好き人間の聖地

～栄光のブルックスランズ(その2)

白いスカーフをなびかせて

世界初の自動車テスト／レース専用コースにして、またイギリス航空発祥の地でもあるサリー州ブルックランズでは、10メートルの高さにそびえ立つメンバーズバンクにも、またサーキット内側の草地の飛行場にも、大排気量エンジンの咆哮が絶えることはなかった。そのブルックランズ絶頂期を象徴するのが、ティム・バーキンと彼の真っ赤なブロワー・ベントレーだ。

ティム・バーキンは第2次大戦前のイギリスのレーシングヒーローで、ルマンを連覇した「ベントレー・ボーイズ」の一人でもある。レース（Lで始まる編み物のレース）工場の伜（せがれ）だったのだが、レース（Rで始まる競走のレース）に親の身上までつぎ込んでしまい、競走馬の愛好家である婦人ドロシー・パジェットのプライベート・スポンサーを得て、4・4リッターの過給機（ブロワー）つき特製ベントレーでレースを続けた。このベントレー、速いにゃ速いが信頼性に欠けるため、修理や整備におそろしく金がかかったそうだ。

白いスカーフをなびかせてクルマを駆るスタイルで有名なバーキンは、このブロワー・ベントレーで1930年4月に、217・8km／hのブルックランズのコースレコードを樹立して、さらに人気を高めた。しかしブロワー・ベントレーはやっぱり金食いマシンで、さすがのパジェットさんも音を上げてスポンサーを降りてしまう。世の中は大不況へと落ち込んでいき、ベントレーすらもワークスでのレース活動を止めてしまうほどだ。バーキンはさらに1932年にラップレコードを222・0km／hにまで更新するが、このころになると、もうそろそろブルックランズから巨大エンジンの時代は去り始めていたのだった。

かつて怪物たちの時代があった

エンジン排気量とパワーの怪物たちに代わって、イギリスのレースシーンに現れてきたのが、750kgフォーミュラの小さなマシンたちだった。

自動車のテクノロジーが進歩したおかげで、小排気量のくせにストレートスピードも怪物マシンにそれほど劣らず、しかもコーナリング性能なら怪物どもよりもよほど速いクルマができるようになったのだ。しかも小さなクルマなら経費も安くて、不景気な世の中でもレースが楽しめる。

ブルックランズにも、アルファロメオやライリー、マゼラーティ、それにスーパーチャージャーつきオースチンやMGなど小型マシンの小生意気なエクゾーストノートが聞こえてきた。

戦前のイギリス・レーシングカーの代表格、ERAもその一つだった。それらを走らせたドライバーの一人、小柄な女性ドライバー、ケイ・ペトリは、本コースでの女性コースレコードやオースチン・チームの一員としての活躍で、1934年にバンクでの事故で重傷を負って引退するまで、イギ

ブリティッシュ
物好き人間の聖地

リスのメディアの人気を集めたものだ。

しかし怪物たちが消え去る前に、大排気量マシンはブルックランズでの最後の輝きを見せる。「ジェントル・ジャイアント」と異名を取るジョン・コッブが、1935年10月7日に、ネイピア・レイルトンでブルックランズの永久コースレコード、230・8㎞/hという記録を打ち立てるのだ。ジョン・コッブは、バーキンが1933年に病死するまで、コースレコードの書き換えを競いあったドライバーで、1933年に航空機用のネイピア・ライオン24ℓ水冷W型12気筒エンジンを搭載する特注のクルマを作り、ブルックランズのラップスピードをはじめ、数々の速度記録に挑んだ。

このネイピア・レイルトン、なにしろ飛行機用エンジンだから、最大回転数はたった3000rpm、燃費はガロン当たり5マイル、つまりリッター0・3㎞のものすごさ。クルマの方もギアは3段で、ブレーキもリアにしかないというから、ブルックランズのようなコース以外じゃまずレースはできまい。最大速度は265・5㎞/hだそうで、コースレコードの速度といくらも違わないのを見ても、ブルックランズのコースがいかにすさまじい代物かがわかる。

うまれ変わったブルックランズ

レーシングマシンの爆音が軽快になったのとは対照的に、ブルックランズから空に駆け上がる爆音は力強さを増しつつあった。大不況の下でも、飛行機の進歩は止まらず、そのエンジンもズボロウスキーの〝チティチティ・バンバン〟に搭載されていたような、4リッター近い容量のシリンダーが6つしかない粗雑な塊ではなく、星型9気筒やV型12気筒の精巧なものになっていった。

これで真っ赤だったんだから、
まさしくモンストラスなブロワー・ベントレー。
1930年代初期のスピードとパワーを
象徴する姿がこれだ。
お～、怖わ！

ティム・バーキンは勇猛果敢なドライビング・スタイルで、
とても人気があったそうな。彼に比べたら、ナイジェル・
マンセルも老人ホームの送迎車のドライバーみたいな
もんらしい。イギリスで90才以上のレース・ファン
に会ったら、バーキンの
話を聞いてあげよう。

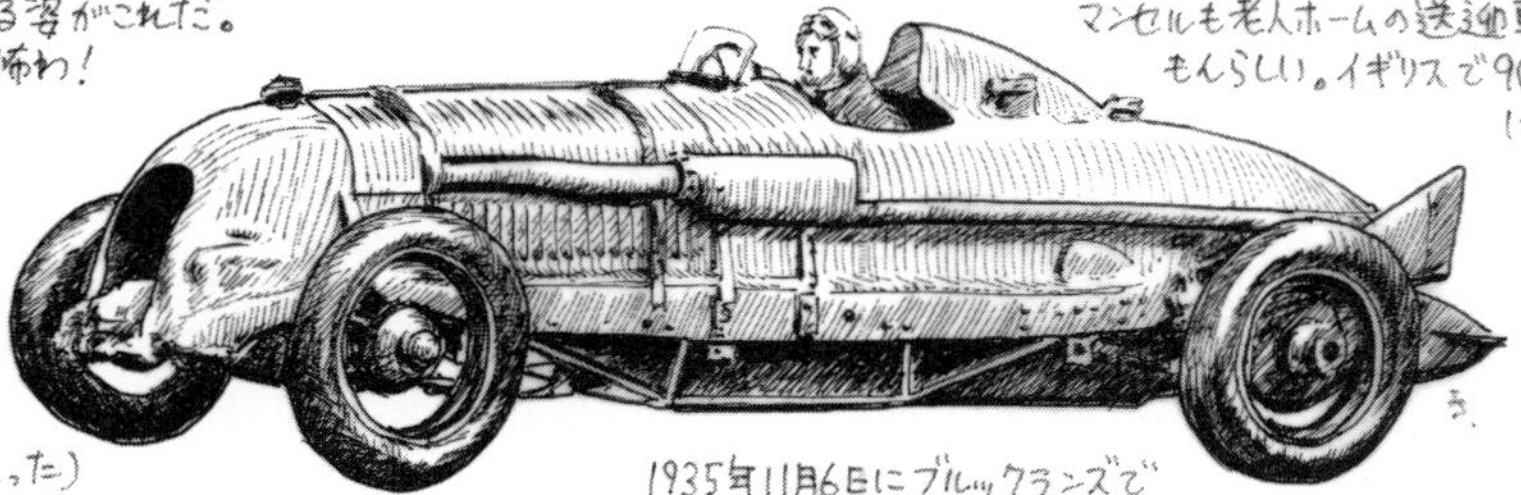

1937年に生まれ
変った（意気地が
なくなった・正気になった）
ブルックランズの
「キャンベル・サーキット」
のレイアウト。

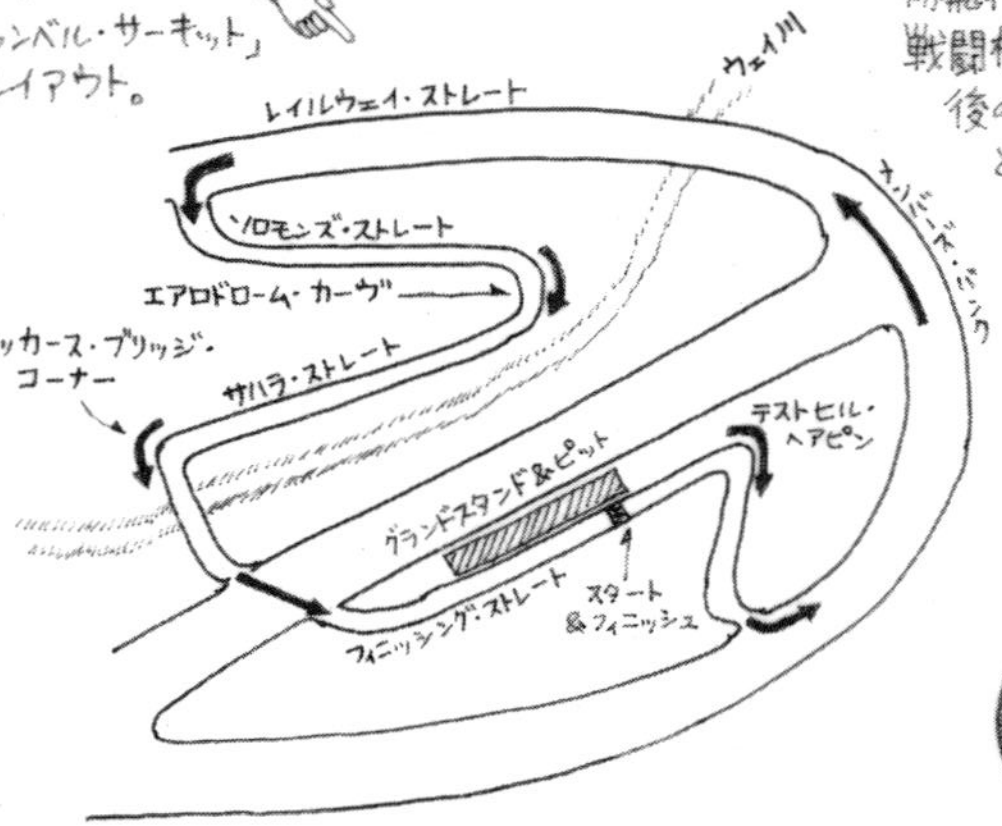
ウェイ川
レイルウェイ・ストレート
ソロモンズ・ストレート
エアロドローム・カーヴ
ヴィッカース・ブリッジ・
コーナー
サハラ・ストレート
グランドスタンド＆ピット
スタート
＆フィニッシュ
フィニッシング・ストレート
テストヒル・
ヘアピン
メンバーズ・バンク

1935年11月6日にブルックランズで
初飛行した、ホーカー・ハリケーン
戦闘機のプロトタイプ。
後の量産型とどこが
どう違うか、わかる人は
手を上げて！

K5083

エンジンは
ロールイズロイス・マーリン。

ケイ・ペトレが乗った
スーパーチャージャー
つきオースチン。

これじゃあ事故があったら
大ケガしちゃうよな。

1

前輪にもブレーキが
ついてるだけ、ブロワー・ベントレーより
クルマとしてなんぼかマシかもしれない。

ブリティッシュ物好き人間の聖地

なかでも1935年11月6日、ブルックランズにとどろいたロールズロイス・マーリン液冷V12エンジンの咆哮は、後にイギリスの危急存亡を救うこととなる。この日初飛行したのは、ホーカー社の新型戦闘機ハリケーンのプロトタイプ。イギリス最初の単葉引き込み脚戦闘機だった。手堅く実用性の高い設計のハリケーンは、その4年8カ月後、イギリス本土防空戦、いわゆる〝バトル・オブ・ブリテン〟の主力として、押し寄せるドイツ空軍に立ち向かい、ヒトラーのイギリス侵攻計画をくじくことになる。

しかしそれはまだ先の話。軽量小型のレーシングマシンが主流になるにつれ、ブルックランズ以外の、小さくてツイスティーなサーキット、たとえばロンドンのクリスタルパレスや、今も名高いドニントンパークなどでのレースも多くなった。ブルックランズの途方もない規模と直截的なレイアウトは次第に時代から取り残されようとしていた。

ブルックランズはそんな変化に適合するため、マルコム・キャンベルの提唱により、内側にショートカットする形で新コースを設けた。これが1937年5月1日に新規オープンした、いわゆるキャンベル・サーキットだった。長さは3・6キロ、メンバーズ・バンクに途中から入り込む、ちょっと旧モンツァに似たようなレイアウトで、昨今のミッキーマウス・サーキットに比べると全然ツイスティーじゃないのだが、それでもブルックランズ本コースよりはコーナーも多い。この新サーキットのコケラ落としのレースで優勝したのは、マゼラーティに乗るタイ王族、プリンス・ビラだったそうだ。

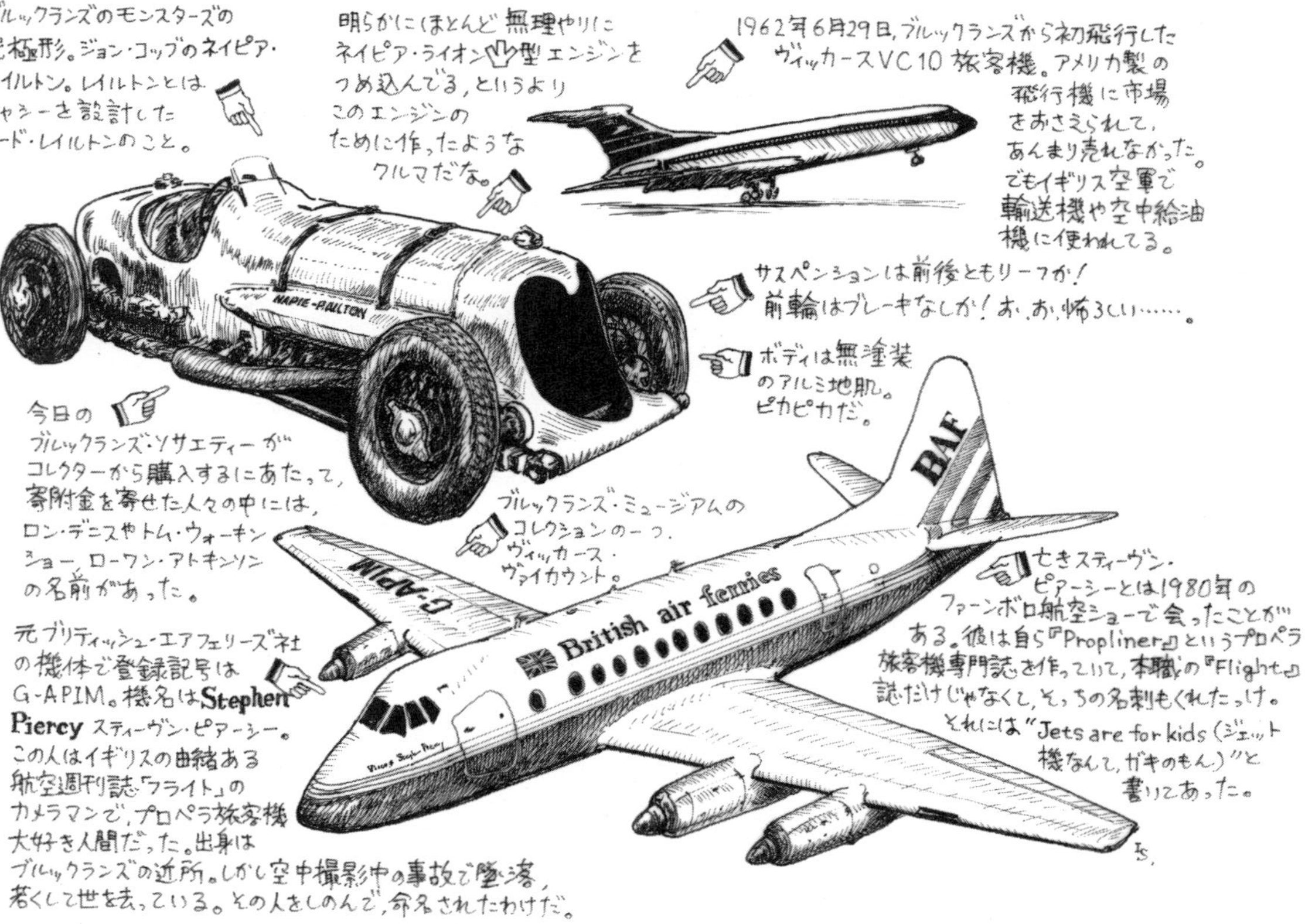
ブルックランズのモンスターズの究極形。ジョン・コッブのネイピア・レイルトン。レイルトンとはシャシーを設計したリード・レイルトンのこと。
明らかにほとんど無理やりにネイピア・ライオンW型エンジンをつめ込んでる，というよりこのエンジンのために作ったようなクルマだな。
1962年6月29日，ブルックランズから初飛行したヴィッカースVC10旅客機。アメリカ製の飛行機に市場をおさえられて，あんまり売れなかった。でもイギリス空軍で輸送機や空中給油機に使われてる。
NAPIE-RAILTON
サスペンションは前後ともリーフか！前輪はブレーキなしか！お，お，怖ろしい……。
ボディは無塗装のアルミ地肌。ピカピカだ。
今日のブルックランズ・ソサエティーがコレクターから購入するにあたって，寄附金を寄せた人々の中には，ロン・デニスやトム・ウォーキンショー，ローワン・アトキンソンの名前があった。
ブルックランズ・ミュージアムのコレクションの一つ。ヴィッカース・ヴァイカウント。
BAF
G-APIM
British air ferries
元ブリティッシュ・エアフェリーズ社の機体で登録記号はG-APIM。機名はStephen Piercy スティーヴン・ピアーシー。この人はイギリスの由緒ある航空週刊誌「フライト」のカメラマンで，プロペラ旅客機大好き人間だった。出身はブルックランズの近所。しかし空中撮影中の事故で墜落，若くして世を去っている。その人をしのんで，命名されたわけだ。
亡きスティーヴン・ピアーシーとは1980年のファーンボロ航空ショーで会ったことがある。彼は自ら『Propliner』というプロペラ旅客機専門誌を作っていて，本職の『Flight』誌だけじゃなくて，そっちの名刺もくれたっけ。それには“Jets are for kids（ジェット機なんて，ガキのもん）”と書いてあった。

ブリティッシュ物好き人間の聖地

英国航空界の中心地へ、そして衰退へ

せっかくブルックランズがレース用サーキットとして新しく生まれ変わったのもつかの間、1939年9月に第2次大戦が始まると、イギリスはもう自動車競走なんかやってられなくなる。戦時中、ブルックランズはヴィッカース社工場の飛行場として用いられ、戦争が終わっても二度とレースコースとして復帰することはなかった。

ヴィッカース社は戦後もイギリス大手の航空機メーカーとして、4発ターボプロップ中型旅客機の成功作ヴァイカウントを送り出す。ヴァイカウントは初飛行こそ別の場所だったが、量産機の多くがブルックランズから飛び立っていったのだ。続いて1960年代には大型ターボプロップ旅客機ヴァンガードと4発ジェット旅客機VC10がブルックランズから初めての飛行に離陸し、戦後もブルックランズはイギリス航空界の中心地の一つであり続けた。しかしヴァンガードもVC10も大きな注文は得られず、イギリス航空工業は自動車工業と並んで衰退の道をたどっていく。

だが、工業の沈滞も国力の衰退も、イギリス人のオタク根性、別名エンスージアスムを阻むことはできない。ブルックランズから新型の飛行機が現れなくなっても、最新マシンのレースが行われなくなっても、ブルックランズにちゃんと保存会と博物館を作って、ネイピア・レイルトンとか、ゆかりのレーシングマシンや飛行機を集めて、ときには走らせたり飛ばしたりしている。在り方こそ違え、今もブルックランズがブリティッシュ物好き人間の聖地であることだけは変わらない。

第24話

～シルバーストーンとセブリングに共通するもの

飛行場が先だった

広い平野で何をする？

F1グランプリ・コースのクラシック、イギリスのシルバーストーンとベルギーのスパ・フランコルシャンの違いは何か？　シルバーストーンはまっ平ら、スパはアップダウンがあることだ。スポーツカー・レースのクラシック・コース、フランスはご存知ルマンのサルテ・サーキットとアメリカはフロリダ州のセブリングとはどう違う？　ルマンは森あり村あり、それに対してセブリングはだだっ広くて観客席のスタンドがあるばかり。

ではシルバーストーンとセブリングの共通点は何か？　どちらもかつては飛行場だったことだ。セブリングの場合は第2次大戦にアメリカが参戦した1941年に作られた、陸軍の訓練基地ヘンドリックス・フィールドが戦後使われなくなったのを、1951年にレースコースにしたものだ。シルバーストーンもやはり元はイギリス空軍の爆撃機の乗員訓練用の飛行場だったのを、1948年にレースに使いだしたのが発端だ。

飛行場というものはとにかく平たくて広いところにつくられる。しかも普通は人里離れて、飛行機

飛行場が先だった

が野太い爆音を立てたり、あるいは不時着したりしても付近の住民に迷惑がかからないような場所にある。平たくて広い飛行場は、何しろ飛行機が離陸していくくらいだから、クルマにとってもスピードが出せる。しかも近くに人家がなければ4気筒だろうがV型12気筒だろうが、エンジンをいくらでも吼えさせることができる。つまりクルマで競争するのに最適な場所でもあるわけだ。しかし飛行機が離陸するときはひたすら真っ直ぐに滑走していくのに対して、自動車のレースは単に直進するだけじゃドラッグレースになっちゃうから一般的な意味で面白みに欠ける。だから飛行場でレースをするにしても、滑走路だけじゃなくて誘導路なんかも駆使してコースをつくることになる。

その好例がセブリングで、基本的には元の飛行場のいろんな部分を使って敷地内にコースを巡らせてできている。片やシルバーストーンはそれとは多少できが違っていて、飛行場の外周をまわる道路（ペリメーター・トラック、「場周路」とか言いますな）を活用してサーキットにしたものだ。ちなみに1948年のシルバーストーン初レースの優勝者は、マゼラーティを駆るルイジ・ヴィロレージだったそうだ。

これらクラシックな飛行場サーキットとは別に、飛行場を使ったレースコースの最近の例がCARTのレースが行われるオハイオ州クリーヴランドだ。これはなにしろ現役の飛行場を閉鎖してレースをするんだから大変だ。当然コースは滑走路と誘導路を活用するわけで、直角コーナーが多いんだが、コースの幅が広くてオーバーテイク・ポイントがたくさんあるし、路面はコンクリート舗装でバンピーだし、クリーブランドのレースはCARTの中でも見ていて面白い点で出色だ。

日本でも大昔は浅間山のふもとか羽田の飛行場とかでレースが行われていたようだが、もともと平野の少ない国のこと、貴重な平らな地面をレースなんかに使うのはもったいないらしくて、今のサ

セブリングで最もセブリングらしいクルマ、
といったらフレイザー・ナッシュ・セブリング
でもクライスラー・セブリングでもなくって，
やっぱり1965年のシャパラル2Cでしょ。
フェラーリとかポルシェとかを尻目に，
テキサスの金持ちの物好きが作った
マシンが12時間レースに優勝しちゃった
のだ。エンジンはGMのV8，おまけに
トランスミッションはオートマチックだったのだぞ！

ドライバーはもちろんジム・ホール！
相棒は当然ハプ・シャープだ。

そして最もシルバーストーンらしいと
いえば，いろいろご意見がおあり
でしょうけれど，そこはそれ，1987年
イギリスGPのウィナー，ナイジェル・
マンセルのウィリアムズFW11Bホンダ
“レッド5”。この年のイギリスGPは
ホンダ・パワーの1-2-3-4で，4位
は中嶋 悟のロータス99Tホンダだ。

レース終盤、マンセルはアグレッシブにFW11Bを駆けさせ、
チームメイトのネルソン・ピケから1位を奪い取って勝った。それを
「マンセルは速く走ることしか考えない駄馬だ」と評した人がいて，
その時はそうかもな、と思ったけど，今はあれでなきゃマンセルじゃ
ないと思えるようになった。

ーキットは鈴鹿にしても富士にしても山の中につくられてる。観戦スタンドを歩いて移動するのが大変だけど（特に鈴鹿の雨！）、それはそれでアンジュレーションに富んでいて、見るには楽しいサーキットである。

ロータスと重爆撃機

平らで広い飛行場はもちろんレース以外にもいろいろ使い道がある。イギリス南部は平べったい地形で、第2次大戦中にはそこらじゅうに飛行場がつくられたから、先のシルバーストーンのように戦後に別の用途に使われるようになった例はいくらでもある。そんな使い道の一つが、例えば自動車の試験場だ。しかも元が軍用飛行場だと、周囲から内部が見えにくいつくりになっていたりするから、新型車のテストコースに使える。イギリスはエセックス州にあるフォードのボアハム試験場は、元は第2次大戦中のアメリカ陸軍中型爆撃機の基地だったとかいう。

新車のテストだけじゃなくて、昔の飛行場は新車の保管施設にもなったりする。完成した車をずらっと並べておけるスペースがたっぷりあるし、軍用基地になるような辺鄙な場所だと土地が安い。イギリスのアッパーヘイフォード基地には冷戦時代はアメリカ空軍の攻撃機F-111Fの部隊が配備されて、ヨーロッパ大陸の東側戦力に睨みをきかせていたのだが、冷戦が終わるとその部隊もいなくなり、今では自動車置き場になっている。

さらには自動車の工場になった飛行場もある。かつてロータスの本社があったノーフォーク州へーゼルは、第2次大戦中にはアメリカ陸軍のB-24重爆撃機部隊、第389爆撃グループの基地で、今

1945年5月までのヘゼルの主，アメリカ陸軍第389爆撃グループのコンソリデーテッドB-24Jリベレーター爆撃機。

B-24は見た目は鈍くさいが航続性能に優れていて，長距離爆撃や洋上哨戒に働いた。総生産数は18,000機を越え，第2次大戦の全アメリカ軍用機中の最多であったのだ。

そして1959年からヘゼルで生み出された，ご存知ロータス・エリート。ほらね，平和とはかくも美しいものを作り出すのだ。イギリス人ですらこんなものを作るくらいだ。

でも当時の滑走路や建物が無傷で残っているそうだ。飛行機工場がそのまま自動車工場になったのは、昔のイギリス有数の戦闘機メーカー、ホーカー社の主力工場であるバッキンガム州のラングレーで、1958年にフォードに売却されてトラック工場として1978年まで使われていたという。名戦闘機ハリケーンを作っていた工場がそんな末路をたどるとは、戦闘機好きにはいささか悲しい話だが、同じイギリスの傑作戦闘機スピットファイアが生産されていたカースル・ブロミッチに比べればまだましかもしれない。こちらは自動車工場どころか、宅地として切り売りされてしまって、スピットファイアを製造していたことなんか跡形もなくなってしまっているのだ。

つくづく濃いつながり

イギリスでは近年だと軍用飛行場の跡地ばかりじゃなく、民間の飛行場まで自動車工場にされている。自家用機などの小型機の飛行場とか古い空港を、地元が企業誘致のために自動車メーカーに売ってしまうのだ。ダーラム州のアズワースにあるニッサンの工場が元飛行場だったし、ダービー州のバーナストン飛行場はトヨタの工場になった。欧州カローラ（かつてWRCに出てたヤツだ）と、欧州版カリーナたるアヴァンシスをつくっている。

日本の自動車メーカーでも日産は神奈川県横須賀の追浜に工場があり、そういえば第2次大戦中に海軍の横須賀航空隊は追浜に基地を置いていた。海軍のメッカたる（元）飛行場からは、いまやマキシマやフェアレディZが、アメリカへ向け、送り出されている。ホンダの工場で有名な鈴鹿にも海軍の鈴鹿航空隊があった。ホンダの鈴鹿製作所も元軍用飛行場かと思ったら、実はそうではないらしい。

鈴鹿航空隊の跡地には、別のある大企業の施設が建っている。

それはともかく、イギリス航空発祥の地は初期のサーキットであるブルックランズだし、第2次大戦中には自動車メーカーが飛行機の生産を手伝ってるし、こういった昔の飛行場の運命を見るにつけても、イギリスはつくづくクルマとヒコーキのつながりの濃い国だ。

もう一つ、そんなイギリスの元飛行場サーキットの好例がある。グッドウッドだ。イギリス南部にあるこのサーキットにはいまも飛行場が付属しているが、この飛行場はかつてウェストハムネットといって、イギリス本土防空戦〝バトル・オブ・ブリテン〟当時の主力戦闘機基地タングミーアの付属飛行場の一つだったところだ。ここでは毎年、スピードフェスティバルというとんでもないイベントがあって、次回はひょっとするとそのスペシャル・リポートをお届けするかもしれないので、期待して待ってくださってもいいです。次のページからそのとおりになるからすごいな。

第4章 木立の間の一瞬

第25話 ～グッドウッドで蘇るもの

御身をば夏の日にも譬えん

イングランド南部の7月の上天気。1940年の〝バトル・オブ・ブリテン（英本土防空戦）〟のころには、ここリッチモンド公爵の館グッドウッド・ハウス前に広がるなだらかな草地でも、スーパーマリン・スピットファイア戦闘機のロールズロイス・マーリンV型12気筒エンジンの爆音が聞こえたことだろう。少し下ったところにあるウェストハムネットの飛行場は、1940年7月にNo145スコードロン（飛行隊）のスピットファイアが配備されて、イギリス南部の防空の拠点となったのだ。

それから60有余年、今年もグッドウッド・ハウス前には、レーシングマシンのエクゾースト・ノートが流れた。直列6気筒、V型8気筒、ターボチャージャーつきV型6気筒、あるいはV型10気筒の雄叫び、絶叫、雄弁、熱唱……。そう、「グッドウッド・フェスティヴァル・オブ・スピード」が、今年も7月13日～15日の3日間、開かれたのだ。

第2次大戦後、空軍が使わなくなったウェストハムネットの飛行場は、モータースポーツ好きの第9代リッチモンド公爵、つまり現マーチ伯爵の祖父の尽力で、場周路を利用してグッドウッド・サー

その昔,1940年の夏には,ウェストハムネット(つまり今のグッドウッド飛行場
スピットファイアのロールズロイス・マーリン-エンジンの爆音が聞こえていた。

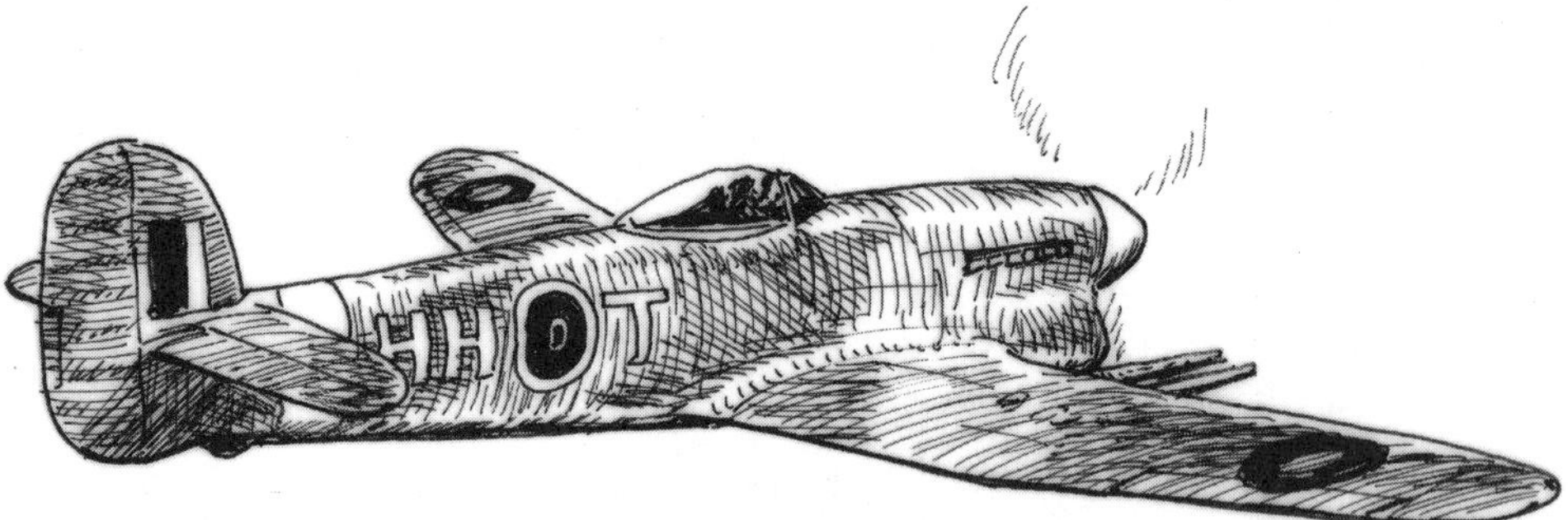

グッドウッドの空にはH型24気筒
2000psのネイピア・セイバー・エンジンの絶叫も
轟いた。1943年10月から1944年2月までウェストハムネットを
基地としていた,No.175飛行隊のホーカー・タイフーン
Mk.Ⅰb戦闘機。

木立の間の一瞬

1940年8月〜12月,ウェストハムネ・展開して,バトル・オヴ・ブリテン(英本土防空戦)を戦い抜いたイギリス空軍No.602飛行隊“シティ・オヴ・グラスゴー・スコードロン”スピットファイアMk.I。9月15日にメッサーシュミットBf110を撃墜,最終的に10機撃墜のエースとなった,オズグッド・ハンベリー少尉の乗機(LO◎G, X4382)なんだけ機番が見えないや。

今日のグッドウッドの木立の間には古今東西のレーシングマシンのエンジンが吼え,スターリング・モスがドライビングするメルセデスベンツ300SLRが走り抜けると,イギリス人のおじいさんがそれは嬉しそうな顔をする。

キットになった。以後スポーツカーやフォーミュラカーのレースがここで行われ、グッドウッドはシルバーストーンやドニントンパークと並ぶ第2次大戦後のイギリスの名サーキットとなった。しかし1966年、さすがの第9代公爵もますます高速化するレーシングマシンに、コースの安全性を危惧するようになり、この年を最後にグッドウッドでレースが開かれることはなくなってしまった。

その当時のグッドウッド・サーキットの日々、そして古い時代のレーシングマシンが速さを競う姿を今に再現しようとしたのが、祖父のモータースポーツ好きを受け継いだ、現マーチ伯爵だ。1993年、伯爵は古今東西のレーシングマシンを呼び集め、グッドウッド・ハウスの前を通る道路を駆け上るタイムトライアルとして、「フェスティヴァル・オブ・スピード」を開催、それが恒例となり、今年でもう10回を数えるに至ったのだ。

フェスティヴィティ!

道路は上り坂、樫の老木や木立に囲まれて幾つかのカーブを描き、両側には四角い藁の束のバリアーが置かれる。そこを走る。古くは1900年代のパンアール・ルヴァッソール、1920年代のドラージュ、イギリスだったらこれだろうのベントレー4・1/2ℓ、ジャガーCにD、アルファロメオの159、数々のフェラーリ、ロータス25に49に72、アメリカからはフォードGT40にシャパラルI(フロントエンジンのやつ)、1940年代のインディ・マシン、ドラッグスターの数々、ポルシェの917、908-3、そしてホンダのF1マシン、さらにトヨタ7!。

これまで本の写真や模型でしか見たことのなかった、まさか走るところを見られる日が来るとは思

木立の間の一瞬

いもしなかったクルマが、目の前をほとんどレースに近い速さで走るのだ。ジャガーのDタイプなんて、昔はマッチボックスのミニカーでしか知らなかったもん。カーグラのページの小さな写真で見ただけだったBRMのP578（1962年の排気管が斜めに8本立ってるやつ）とか、あのイーグル・ウェスレイクV12とか、どんな音で走るのかやっとわかった。どっちもいい音だぞ。

しかもクルマによっては、かつてそのクルマで勇名を馳せたドライバーがドライブしてくれる。たとえばメルセデス300SLRを走らせるのはスターリング・モスその人、JPSロータス72Eのステアリングは、ああ、エマーソン・フィッティパルディだ。だからホンダRA301をドライブしたのは〝ビッグ・ジョン〟サーティースだし、ロータス100Tホンダを駆ったのは中嶋悟だ。

それがただ走るだけじゃなくて、パドックにも観客が立ち入ることができるから、コクピットをのぞきこむどころか、ボンネットやカウルを開けて整備してるのをつぶさに見られるし、出走前のエンジン・スタートも目の前だ。アルファロメオ12C‐37のエンジンが回りだして、だんだん機嫌がよくなってくるまでだって全部目の当たりにできる。コクピットだって、フォードGT40はなるほどGTだが、ポルシェ917に至っちゃ正しくレーシングマシン。あんな狭いところに乗って24時間もレースをしたんだ、ギーズ・ファン・レネップやスティーヴ・マックイーンは！

当然、コースを走り終えたクルマはパドックに戻ってくるんだが、その時にはフィッティのJPSだってフォードDFVのアイドリングの音をさせながら、自分の足元をゆっくり通っていく。そしてパドックでドライバーが降りてくれれば話もできるし、ちゃんと礼儀正しくお願いすればサインももらえる（はい、ジョン・サーティース様にいただきました！）。

「イングランドの道楽者と交るがいい！」

2002年の〝フェスティヴァル・オブ・スピード〟では、ミッレミリアの75周年やニュルブルクリンク75周年、ロータス50周年、ケン・ティレル追悼、ウィリアムズ25周年の記念として、それぞれ特集コーナーみたいな走行が行われた。スターリング・モスの300SLRはこのミッレミリア記念で走ったし、ティレル追悼ではジャッキー・スチュワートがティレル002をドライブしてくれた。ウィリアムズ25周年でFW11Bホンダを走らせたのはリカルド・パトレーゼ、中嶋悟のドライビングはロータス25周年のトリを勤めるものだった。

それにもちろん昨年シーズンのF1マシンや、ルマンを走ったスポーツ・プロトタイプも走って見せる。コースの終点のパドックはなだらかな丘の頂上近くにあって、そこにも観客席があるんだが、走り終えた各マシンはそこでちょっとスピンターンなどを見せて観客にサービスする。もちろん大切なクルマだから無茶のできないものもあるが、ティレルP34がうまくターンできなかったのは、ドライバーが不慣れだったせいか6輪だからか、うーむ、わからん。それはともかく、派手なターンで大うけしてたのは、BARホンダ003を走らせた福田良くん。トヨタTF102のアラン・マクニッシュはこのゴール・パドックでもファンにサインしてた。

そんな時でも、イギリスの観客はドライバーめがけて押し寄せたりしない。まあ、ロンドンから遠くて、近くに大都会もないし、入場料が25ポンドもして高いから、相当の物好きでないとグッドウッドまでは来ないのだが、それにしても観客中のお爺さんの含有率が非常に高い。そんなお爺さんが、走り去るスターリング・モスのメルセデス300SLRを見送って、嬉しそうに目を細めるのだ。

第4章 第25話

木立の間の一瞬

もっと若い観客たちも、人を押しのけてカメラ・ポジションを占拠して、出走全車を写真に撮らないとおさまらない、なんていう意地汚いのはいない。爆音が近づいてきて、目の前を駆け抜け、ギアをチェンジしながら遠ざかっていくのを悠然と眺めるのだ。走行の間隔は結構長いし、カテゴリーごとの走行が終わって、次のカテゴリーに移るまでも時間がかかるんだが、それでもただ静かに待っている。ひたすら夏の陽射しを暑がりながら。

そんなイギリス人と一緒にクルマが走るのを見ていて思ったのだが、モータースポーツの見方の原型というのはこのグッドウッドのように、木立の間を走っていく一瞬の姿を見ることなんじゃないだろうか。TVやビデオでカメラやアングルが切り替わりながら、ずっとクルマの形をなめまわすように見るのはきっと違うんだろう。あるいはエスケープゾーンや金網で隔てられたスタンドで、コーナーの進入から立ち上がりまで遠くから眺めるのも、原型からかけ離れた見方なのかもしれない。藁束のブロックに下半分を隠したまま、木漏れ日の中に赤や緑、あるいは銀のクルマが色彩をつかの間輝かせ、あとは頭上の木の葉を揺らし、排気の匂いを残していく、というのが昔のミッレミリアやルマン、ニュルブルクリンクの光景だったんだろう。グッドウッドはそんなレースの見方まで現在に蘇らせてくれるのだな。

だからコースサイドの立ち入り禁止部分にはヒモが張ってあるだけ。それでもルールを破って入り込もうとする観客なんかいない。パドックでもマシンに触ろうとしたり、メカニックの邪魔をするようなことは、余程の子供以外にはしないし、そんな子供はちゃんと親に叱られる。イギリス人の観覧エチケットが立派なのか、それとも確固たる階級社会のイギリスにあっては、貴族様の御領地に入れていただいた平民は礼儀正しくしちゃうものなのかは、今後の研究課題だが、とにかく日本じゃ望む

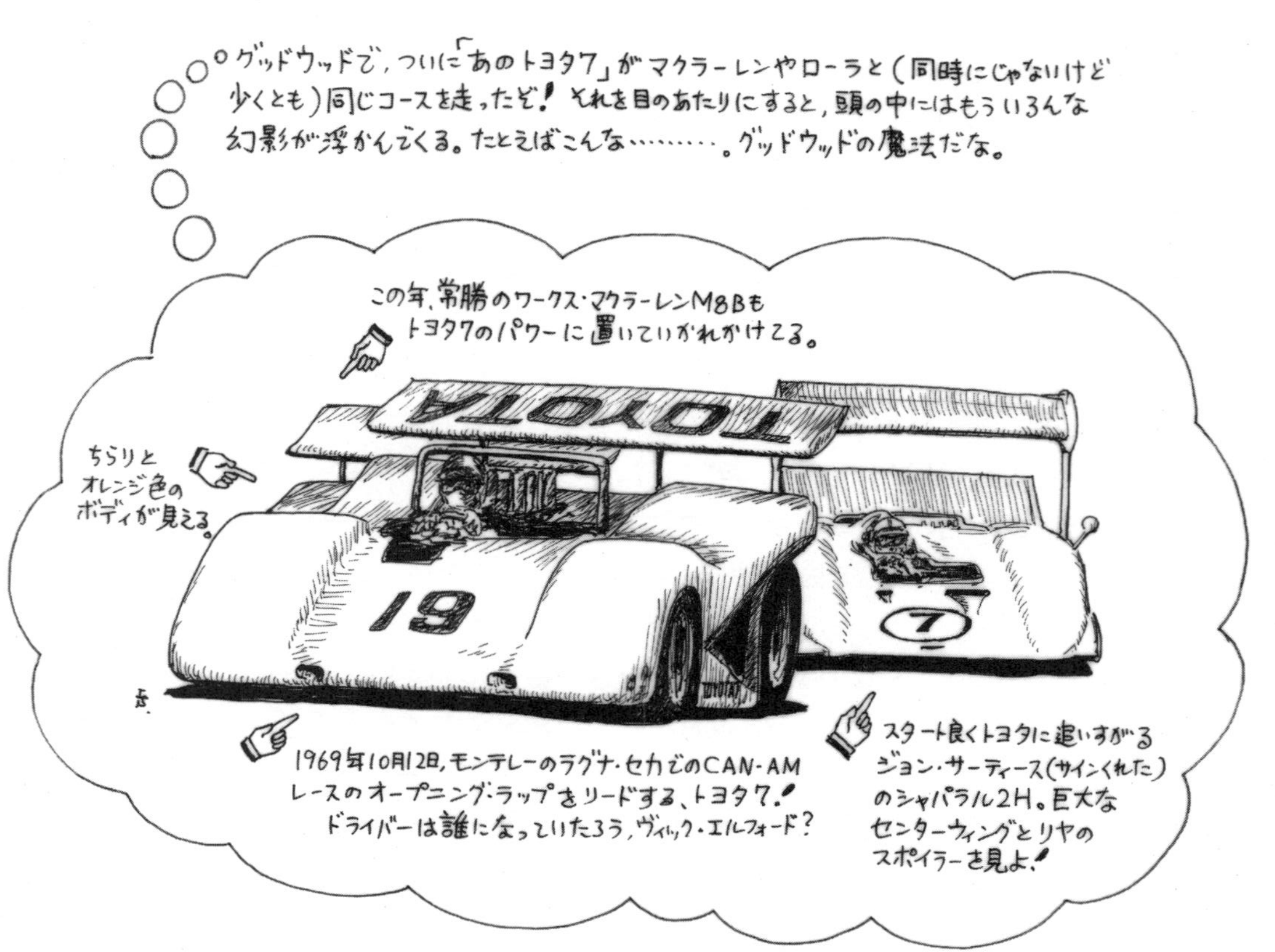
グッドウッドで、ついに「あのトヨタ7」がマクラーレンやローラと(同時にじゃないけど少くとも)同じコースを走ったぞ! それを目のあたりにすると、頭の中にはもういろんな幻影が浮かんでくる。たとえばこんな………。グッドウッドの魔法だな。
この年、常勝のワークス・マクラーレンM8Bもトヨタ7のパワーに置いていかれかけてる。
TOYOTA
ちらりとオレンジ色のボディが見える。
19
7
1969年10月12日、モンテレーのラグナ・セカでのCAN-AMレースのオープニング・ラップをリードする、トヨタ7! ドライバーは誰になっていただろう、ヴィック・エルフォード?
スタート良くトヨタに追いすがるジョン・サーティース(サインくれた)のシャパラル2H。巨大なセンターウィングとリヤのスポイラーを見よ!

べくもない秩序と平和がここにはあった。

そして再びグッドウッドの空

そんな日本もグッドウッドのスピードの汎神殿にちゃんと名を連ねてる。ホンダの存在だ。今年も1966年のRA301から翌年の302、1987年のウィリアムズFW11B、88年のロータス100T、それに昨年のBARホンダが走ったのが、30年以上にも及ぶF1GPシーンでのプレゼンスの証だ。実際に今年のグッドウッドで走って見せたホンダのクルマの数はクーパーやBRMより多いんだもの。もちろんバイク部門でも何台もホンダのマシンが走ってる。

それに日本から今年のグッドウッドを訪れた観客には大きな驚きがあった。さっきも書いたけど何と1969年のトヨタ7、つまり一度もレースに出走せずに終わったあの幻のグループ7マシンが、ついにマクラーレンM1CやローラT163とかのカンナム・マシンと同じコースを走ったのだ。日本人には胸が熱くなるものがあるんだが、ほとんどのイギリス人観客はそんなこと知らないから、しかるべき注目を集めてなかったのが惜しいな。

タイムトライアルを半ば本気で走るクルマもあれば、無理せずにデモンストレーション走行だけのクルマもあるが、その他にもカルティエがスポンサーになって、クルマのデザインやゴージャスぶりを競うコーナーもあった。こちらは展示だけだが、キャディラック100周年とか1930年代の流線型とかカテゴリー分けがしてあって、それは美しいアルファロメオ・ティーポ33や、「こんなのあったの知らなかった」のアストンマーチンDB3Rのクーペ、珍品のHWMジャガーGTクーペ、飛行

ベントレーの1台は丘から下りてくる帰りに、本当に女性がドライブしてた。ステアリングは重くないのか？
「おじいちゃん、昔のレースって、こういうトラックでやったの？」

in praise of
Russell Brockbank

麦ワラのセイフティー・ブロックの細い道、
緑の木立ち、ハンティングをかぶった観客、その中を
野太い音とともに走り抜けるベントレー4 1/2ℓ……
グッドウッド・フェスティヴァル・オブ・スピードはそのまんま
かの自動車マンガの達人、ラッセル・ブロックバンクの世界じゃないか!!
……というわけで、無謀・無恥を承知のうえで、ブロックバンク先生の
画風をマネして描いてみました。

木立の間の一瞬

機メーカーでもあるヴォワザンの1936年のC28、垂直尾翼のあるリアエンジン・サルーンの1939年のタトラT87なんていうクルマが居並ぶ。タトラなんかチェコのクルマだけあって灰皿がガラス製だ。

そうかと思うと、丘からコースを逆に駆け下るソープボックス・レースも行われる。マクラーレンが流線型のマシンを持ち込んできたり、一見1950年代のフォーミュラ風の赤いのとか外形も凝ってたり、コーナーに無茶な突っ込みをしてクラッシュするのまで出たり（ドライバーは救急車で運ばれた）、さすがイギリス人、こういうことにも本気になる。

そしてフェスティヴァルの最後は、何とイギリス空軍曲技飛行チーム、〝レッドアロウズ〟の妙技だ。グッドウッド・ハウスの前でも沢山の観客が帰り道の足を止めて空を見上げる。9機の赤いホーク練習機が低空で編隊の形を次々に変えると、観客から拍手が巻き起こる。パイロットに聞こえるわけないのに、なんていうのは野暮だろう。だってここのイギリス人たちは、クルマが走るのを見るのもヒコーキが飛ぶのを見るのも大好きらしい。もちろんこちらもその点はご同様だが。

おわりに

かくて円環は閉じた。

え、何が?……って、つまりグッドウッドの空をレッドアロウズが飛んだでしょ。それでもって表紙カバーにちゃんとレッドアロウズのホーク練習機を描いてもらってあるでしょ、だから、ほら、ちゃんと話のおわりが本の表紙につながってる。

しかも一緒に描いてあるクルマがジョン・コッブのネイピア・レイルトン・スペシャル。イギリスのモータースポーツ発祥の地にしてイギリス製ヒコーキが初めて飛んだ地でもあるブルックランズを、最も端的に象徴するクルマで、しかもエンジンはヒコーキ用のネイピア・ライオン。こちらもクルマとヒコーキがつながってて、いや、この本はよくできてるぞ。

そのレッドアロウズの飛行をひさびさに眺めたグッドウッド。スピード・オヴ・フェスティヴァルを訪れることができたのは望外の幸せだった。『NAVI』からのご褒美(何のご褒美かは問わない)と思って、喜んで連れていってもらったのだが、ロンドン・ヒースロウ空港から目的地に向かう途中のラウンドアバウトで赤いベントレー3リッターに出会ったり、高速道路わきの牧草地の納屋というか格納庫にパイパー・カブとおぼしき飛行機

自動車黎明期に開催されたロードレース「パリーアムステルダム」で優勝したパンアール・エ・ルヴァッソール(1898年)。パンアールは、FR(後輪駆動)のレイアウトを確立したメーカーだ。

リッチモンド公爵のお城の前には、ルノーのF1マシン(ハリボテ)を貼付けた大きなオブジェが飾られた。前を行くのは、ソープボックスカー。動力は重力だけだが、真剣なタイムトライアルだ。

が入っていたり、相変わらずイギリスの道路ではよそ見してると得がある。遠くにはチチェスター聖堂の尖塔がかすみ、ポーツマスの近くを通るときには海軍の軍艦の姿も見えた。

そしてリッチモンド公爵領のグッドウッドはその名の通り、木々が美しい。緑の草地がうねるなかに、暗緑の木立が点在していて、まるでゲインズボロやコンスタブルの風景画に出てきそうだ。もっともグッドウッドのリッチモンド公爵の館には、ゲインズボロと仲の悪かった肖像画の大家、レイノルズの作品が多かったが。個人蔵のレイノルズの小品を見る機会なんてそうそうあるもんじゃないけど、ここに来たのは18世紀のイギリス美術史の一端を垣間見るのが目的ではない。クルマだ。

グッドウッドのクルマたちの多く、アストンマーチンDBR1にしてもロータス49Bにしても、ソリドのミニカーやタミヤのプラモデルで手にとった記憶があるばかり。ジャガーEのライトウェイトとかポルシェ917／10なんかは本で写真を見たぐらいのものだ。その時からフェスティヴァル・オヴ・スピードまで、こういうクルマは自分の頭の中だけで、聞いたこともない咆哮とともに走りまわっていた。それがこの日は、目で見て耳で聞くことができた。オイルや排気の匂いまでつけて。長年の自分の想像が、目の前に広げて並べられていたのだ。

必死にエンジンの調子を整えるメカニックと、心配そうに見つめるドライバー。1951年型のアルファロメオ159“アルフェッタ”は、J.M.ファンジオが、最初のF1タイトルを得たクルマだ。

1936年型ヴォワザンC28'Chancellerie'。創始者のガブリエル・ヴォワザンは初期の航空機ビジネスで名をしられた人物で、そのためクルマにも各部にヒコーキのイメージが盛り込まれる。

思ったとおりだったか、それとも想像を超えていたかは実はどうでも良い。頭の中にしかなかった世界と眼前の世界がつながっていることだけで十分だった。

それと同じ確認がイギリスでもう一度できた。旅程の最終日、ロンドン北郊のヘンドンにある空軍博物館だ。ロンドン周辺でのほぼ半日の自由行動の行き先はもちろんここしかないだろう。途中、二又道でどちらに行くかわからなくなったりしたが、久しぶりのロイアル・エアフォース・ミュージアムにはやはりあった。第1次大戦のソッピーズ・キャメル、1930年代のホーカー・ハート、第2次大戦のスピットファイア、ボーファイター、ランカスター。プラモデルや本で知り、頭の中でのみ飛んでいたヒコーキを、ここでは本物として目の当たりにできる。

グッドウッドとヘンドンは知識と想像が実物になる場所だった。思えばこの本も、乏しい知識と拙い想像を目の前のページに文と絵にしてひろげることでできている。2002年7月のイングランドで、岡部いさくにとっても一つの円環が閉じたのだ……いや、まだ閉じるのは早いぞ、これが売れれば2巻も出してもらえるかもしれないんだから！

40代以上のモータースポーツファンは、涙なくして語れないホンダRA300。1967年のイタリアGPで、ジョン・サーティースがジャック・ブラバムを抑え、RA300のデビューウィンを果たした。

ダン・ガーニーが設立し、ウェスレイクの手になるパワーユニットを用いるイーグル・ウェスレイクT1G V12（1967年）。写真は、チームメイトのリッチー・ギンサーが駆ったマシンである。

2002年のグッドウッドフェスティバルは、英国では珍しいことに、連日、晴天に恵まれた。美しい光を浴びてスタート地点につくのは、1923年型のドラージュV12。

1970年から、6シーズンにわたりGPに出場し続けたロータス・コスワース72E。ヨッヘン・リントが、死後、ドライバーズタイトルを獲ったマシンである。72年にエマーソン・フィッティパルディが、史上最年少でチャンピオンに輝いた。

フェルディナント・ポルシェ（と彼のビートル）に多大な影響を与えたハンス・レドヴィンカの自動車メイク、タトラ。写真は、リアエンジン、三ツ目という典型的なモデルであるT87（1939年）。

チームベントレーのウェアを着る女の子。ボーイフレンド付き。こうして、幼少のおりから、エンスージアズムに染まっていく（？）老若男女を問わないのが、イギリスのイベントらしい。

1990年のル・マン24時間レースで、1-2フィニッシュを飾ったジャガーXJR-12。ターボモデルが有力視されるなか、自然吸気のV12を搭載、デイトナで見せた耐久力を、再び証明した。

（写真はすべて清水健太）

特別寄稿

オカベセンセイについて

安藤優子

オカベセンセイ、私は岡部いさくさんをそう呼ぶ。文字にすると、それは岡部先生でも、岡部せんせいでもなく、どうしてもオカベセンセイとなる。文学から軍事まで、あらゆることに造詣の深いオカベセンセイは、先生と呼ばれて当然しかるべき教養と知識に満ち溢れた紳士なのだけれど、「先生」と呼ばれて鼻の穴を膨らませるような俗人とはほど遠く、かつ慎み深い。そしてとびきりハニカミ屋さんでもある。だから、私にとって先生には違いないが、オカベセンセイの場合、その先生は絶対にセンセイなのだ。

オカベセンセイと私は、放課後にそっとあるものを交換する高校生のような関係でもある。それはミステリー小説だ。

センセイが私の職場であるフジテレビにやって来るのは、ある日突然、たとえば湾岸戦争が勃発したときのような場合だ。最近ではアメリカがアフガニスタンに攻撃を始めたとき。ある程度予測はできていたものの、その瞬間はやはり唐突にやってくる。もちろん、あの忌まわしい9・11の同時多発テロのときもセンセイは駆けつけてくれた。私はセンセイの顔を見るまで修羅場と化した報道センターで叫びつづける。「ねーオカベセンセイ呼んでくれたぁ!!」。たしかに、オカベセンセイは軍事評論家というよりも航空機の専門家であるが、ジェーンズ年鑑で名高いジェーンズ社の週間軍事情報誌に寄稿していることからも分かるように、軍事も航空機以外についてもめっぽう詳しい。特別番組のなかで、1人パニックになっている私のやたら的をはずした質問にも丁寧に答えてくれる。こういう場合、専門以外の質問をぶつけるとおもむろにイヤーナ顔をする専門家先生も多い。「ふん、トンマなキャスターめ、そんなことを俺さまに聞くんでない」という感じ。申し訳ないとは思うが、なんとか番組をつないでいかなくてはならない重圧と思考能力の低さから、どうしてもそういうトンマな場面は生まれてしまう。それをオカベセンセイは「自分こそよく知らなくて申し訳ないが、たぶんこれこれこういうことだと推察する……」という具合なのだ。

私が「オカベセンセイ呼んでくれー」と絶叫する理由がそこにある。あたたかくて、やさしい。

そして、そんな切迫した状況でも、番組が終わるとセンセイはそっと紙袋を差し出す。なかには探偵とミステリー小説の文庫本がぎっしり。自宅を出るわずかな時間のなかで私にと持ってきてくれるお楽しみの数々。探偵テス・モナハン、探偵ジェリ・ハワード、私の大好きな「はみだし系」女探偵シリーズの最新作だ。驚くのはまだ買ったばかりとおぼしきピカピカ状態の文庫本ばかりだったり。えっセンセイ、それって私のために買っておいてくれたの?とお気楽な私は有難くて涙をこぼす。オカベセンセイの小説セレクションはとにかくはずれがないのだ。センセイがいつ来てもいいようにそれまで借りていて読み終えた本は常に私の仕事部屋に置いてあるので、引き換えにお返しする。センセイは決まってこう言う。「これー、あのー、お代わりね」

航空機事故のニュースが飛び込んでくる。センセイが駆けつけてくれる。番組の合間に疑問点をセンセイに質《ただ》しに行く。するとセンセイは、理解力にかなり問題がある私のために、精密な絵図をさらさらと描いて心底丁寧に解説してくれる。オカベセンセイの図解をそのまま番組で使わせてもらったことも枚挙にいとまがない。どうしてそうあたたかく、やさしくいられるのだろうか。

巷では、軍事評論家などというと、どうもそうとうなオタク人間という先入観があるらしい。が、オカベセンセイは心をもったまっとうなオタクであると思う。飛行機や兵器そのものだけに関心を傾注しているのではなくて、それをどう人間が操るのか、心理の奥を読もうする。そこに生まれる人間のゆがみや悲劇も、ときには怒りをともなってオカベセンセイの口から語られる。

9・11のテロ後、『ニューヨーカー』という雑誌に載った記事をセンセイが私のところに持ってきてくれて、「こういう切り口でも取材ができるのではないか」と提案してくれたことがあった。それは「世界貿易センタービルとはアナタのなかでいかなる存在なのか?」という問いかけにモノローグであらゆる職業、立場、年齢の人たちが答えたものだった。オカベセンセイの人間という存在に対する深い洞察と、テロ事件を人々の心情から考えてみようという限りないやさしさが伝わってきた。私はそのときあらためて思った。やっぱり、岡部先生はだからオカベセンセイなんだよねと。

(2002年10月/ニュースキャスター)

岡部《おかべ》いさく

軍事評論家。1954年1月、埼玉県は浦和市（現さいたま市）に生まれる。
学習院大学仏文学部卒業後、
月刊『エアワールド』編集部、
月刊『シーパワー』編集長などを経て
フリーランスになる。
訳書に『パンツァー・イン・ノルマンディ』『バルジの戦い』『ドイツ空軍の終焉』（以上、大日本絵画）
『633爆撃隊』（光人NF文庫）、
著書に『世界の駄っ作機』
『世界の駄っ作機2』
（いずれも岡部ださく名義/大日本絵画）
『日本着弾』（石川潤一、能勢伸之との共著/扶桑社）など。
月刊『モデルグラフィックス』
『スケール・アヴィエーション』にコラムを連載中。
フジテレビのニュース番組で、
軍事問題の解説を行う。

クルマが先《さき》か? ヒコーキが先《さき》か?

初版発行	2002年11月25日
4刷発行	2006年 7月10日
著者	岡部いさく
発行者	黒須雪子
発行所	株式会社二玄社
	〒101-8419
	東京都千代田区神田神保町2-2
営業部	〒113-0021
	東京都文京区本駒込6-2-1
電話	03-5395-0511
URL	http://www.nigensha.co.jp
装幀	泰司デザイン事務所
印刷	株式会社シナノ
製本	牧製本印刷株式会社

ISBN4-544-04082-5